领航人工智能

颠覆人类全部想象力的智能革命

Piloting Artificial Intelligence

赵春林 ◎ 著

图书在版编目（CIP）数据

领航人工智能：颠覆人类全部想象力的智能革命 / 赵春林著. -- 北京：现代出版社，2018.5
　　ISBN 978-7-5143-6727-0

　　Ⅰ.①领… Ⅱ.①赵… Ⅲ.①人工智能—通俗读物
Ⅳ.①TP18-49

中国版本图书馆CIP数据核字（2017）第326371号

领航人工智能

著　　者	赵春林
责任编辑	杨学庆
出版发行	现代出版社
通信地址	北京市安定门外安华里504号
邮政编码	100011
电　　话	010-64267325　64245264（传真）
网　　址	www.1980xd.com
电子邮箱	xiandai@vip.sina.com
印　　刷	廊坊市海涛印刷有限公司
开　　本	787mm×1092mm　1/16
字　　数	158千字
印　　张	12
版　　次	2018年5月第1版　2018年5月第1次印刷
书　　号	ISBN 978-7-5143-6727-0
定　　价	48.00元

版权所有，翻印必究；未经许可，不得转载

目录

Part1　我国在人工智能领域的弯道超车

第一节	世界人工智能的发展现状	2
第二节	国际巨头加快人工智能布局	6
第三节	中国政策加码人工智能布局	11
第四节	人工智能助力"中国智造"弯道超车	15
第五节	中国开启大脑研究计划	22
第六节	加快建设人工智能资源库	26
第七节	培养集聚人工智能高端人才	33

Part2　快速发展的人工智能

第一节	何为人工智能	44
第二节	人工智能的起源和三次发展浪潮	48
第三节	深蓝：人工智能的惊艳亮相	52
第四节	沃森：挑战人类智能的极限	56
第五节	阿尔法狗：人工智能的集大成者	60
第六节	人工智能时代已经来临	64

Part 3　人工智能的特点

第一节	深度学习	78
第二节	跨界融合	83
第三节	人机协作	86
第四节	群智开放	94
第五节	自主控制	97

Part 4　人工智能的应用领域

第一节	机器视觉	100
第二节	指纹识别和人脸识别	103
第三节	智能信息检索技术	106
第四节	智能控制	110
第五节	视网膜识别和虹膜识别	113
第六节	掌纹识别	115
第七节	专家系统	116
第八节	自动规划	118
第九节	3D打印	118

Part 5　人工智能的未来发展方向

| 第一节 | 智能聊天机器人 | 122 |
| 第二节 | 智能无人驾驶 | 126 |

第三节	智能医疗	130
第四节	智能教育	133
第五节	智能零售	138
第六节	智能城市建设	146

Part 6　人工智能的忧思

第一节	霍金：人工智能的发展可能意味着人类的终结	150
第二节	埃隆·马斯克：人类将沦为人工智能的"宠物"	152
第三节	比尔·盖茨：人工智能将成为人类的心头大患	154
第四节	人工智能会引发失业大潮吗？	157
第五节	人工智能发展可能带来的社会、伦理和法律等挑战	162
第六节	人工智能：生存还是毁灭	168
第七节	人工智能会超越人类吗？	173
第八节	对于人工智能，听听专家们怎么说	177

后　记　184

Part 1
我国在人工智能领域的弯道超车

在中国新一轮改革发展的关键时刻,人工智能技术给我们提供了一个弯道超车的机会。作为制造业大国,近年来我国低成本优势逐渐消失,制造业转型迫在眉睫。对企业而言,利用好新一代信息技术将是其在新时代成长环境中抓住机遇的关键。

第一节　世界人工智能的发展现状

人工智能（Artificial Intelligence），英文缩写为AI。它是研究、开发用于模拟、延伸和扩展人的智能的理论、方法、技术及应用系统的一门新的技术科学。

随着谷歌人工智能围棋程序AlphaGo战胜围棋世界冠军李世石，全球人工智能热潮迅速兴起。人工智能已成为全球科技巨头新的战略发展方向，人才、资本迅速聚拢。

走出去智库（CGGT）认为，抢夺新经济时代人工智能的主动权，已成当下政产学各界的共识。从全球经济发展来看，在迈过工业化阶段后，信息技术所能赋予经济增长的红利期日趋收窄，全球经济已再度迈入严重的供需失衡阶段，以人工智能为特征的第四次工业革命将深度影响世界经济新秩序的

Part 1 我国在人工智能领域的弯道超车

重建。

2016年,包括百度和谷歌在内的科技巨头在AI上的花费在200亿~300亿美元之间,其中90%用于研发和部署,10%用于AI收购。

目前AI投资率是2013年以来外部投资增长的3倍。在自觉采用AI技术的公司中,有20%是早期采用者,集中在高科技、电信、汽车装配和金融服务行业。世界领先的科技公司之间正围绕AI展开一轮轮的专利和知识产权竞赛。

有数据显示,并购在2013年~2016年之间增长最快,包括亚马逊对机器人和语音识别的投资,以及虚拟代理和机器学习方面Salesforce的案例。宝马、特斯拉和丰田在机器人和机器学习方面投资,以用于其无人驾驶汽车项目。丰田计划投资10亿美元建立一个致力于机器人和无人驾驶车辆AI技术的新型研究机构。

据估计,2016年,AI的年度外部投资总额在80亿~120亿美元之间,机器学习吸引了其中近60%的投资。

机器人和语音识别是两个最受欢迎的投资领域。投资者最喜欢机器学习初创公司,因为基于代码的初创公司能够快速扩展出新功能。基于软件的机器学习初创公司比成本更高的基于机器的机器人公司更受欢迎。由于这些因素，以及其他一些原因，公司并购在这一领域飙升，2013年~2016年，复合年均增长率达到约80%。

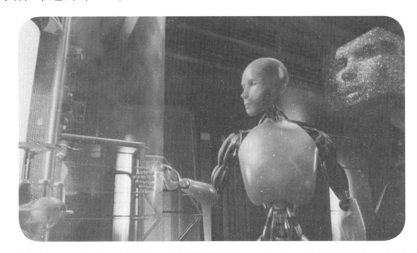

高科技、电信和金融服务是机器学习和AI技术的早期采用者，这些行业因为愿意投资新技术而获取竞争力和内部高效流程而闻名，它们将成为未来三年内采用人工智能的主导行业，这三个行业的专利和知识产权竞争加剧。随着时间的推移，领先科技公司目前的设备、产品和服务的发展路径将展现出其研发实验室今天的创新活动水平。例如，在金融服务方面，经AI优化的欺诈检测系统的准确性和速度提高带来了明显的益处，预计2020年市场规模将达到30亿美元。

亚马逊公司以7.75亿美元收购Kiva，令人印象深刻。Kiva是一家机器人公司，其机器人产品可以自动取货并打包。人类出货的时间为60~75分钟，而Kiva减少到15分钟，库存量增加了50%，营业成本估计下降了20%，投资回报率接近40%。

Netflix使用算法为全球1亿用户进行个性化推荐，成果惊人。Netflix发现，客户平均每搜索一部电影会花90秒时间，如果搜不到就会放弃。Netflix估计，取消订阅原本每年可能减少10亿美元收入，现在Netflix可以通过提供更好的搜索结果来避免这种损失。

Part 1　我国在人工智能领域的弯道超车

人工智能将造成下一波数字化颠覆，企业应该为此做好准备。我们已经看到早期采取人工智能技术的几家公司获得了实实在在的好处，使得其他企业相比任何时候都更迫切地加速数字化转型。

除一些数字巨头公司，风险投资（VC）和私募股权投资（PE）也在迅速增长，从非常小的基数迅速增长到总共60亿～90亿美元的规模。机器学习作为一种支持基数，在内部和外部投资中都占据了最大份额。

在科技公司之外的AI采用处于早期阶段，大部分是实验性阶段，很少有企业大规模地部署AI。在对跨越10个国家的14个行业的调查中，只有20%的受访者表示企业目前正在大规模部署AI，或在核心业务利用AI相关技术。许多企业表示他们不确定针对AI的商业案例或投资回报。对160个使用案例的回顾显示，只有13%的案例中AI被商业化部署。

这些模式显示出早期采用AI技术的企业和其他企业之间的差距日益扩大。在产业数字指标中，排名前列的均是AI的主要采用者，例如高科技行业、电信以及金融服务业。这些行业也最具积极的AI投资意向。其中领军者对AI的采用是广泛而深入的，在多种职能中利用多种技术，并在核心业务中部署。例如，汽车制造商使用AI技术开发自动驾驶车辆并改善运营，金融服务企业更倾向于在与客户体验相关的业务中使用AI技术。

早期的证据表明，AI可以为其重度采用者提供真正的价值。早期的AI采用者将强大的数字能力与前瞻性的策略相结合，实现了较高的利润率，并将在未来拉大与其他公司的业绩差距。在零售业、电力公司、制造业、医疗保健和教育方面的案例更是凸显了AI在改进预测和渠道、优化和自动化运营、发展有针对性的市场营销和定价，以及改善用户体验方面的潜力。

AI依赖于数字基础，并且通常必须使用独特的数据进行训练，这意味着企业没法走捷径。企业不能拖延它们的数字化进程，包括AI。早期采用者已经在创造竞争优势，它们与落后者的差距将会越来越大。一个成功的项目要求企业解决数字化和分析转型的许多要素：认识业务案例，建立正确的数据生态系统，构建或购买适当的AI工具，以及适应工作流程、能力和文化。顶层的领导、管理和技术能力，以及无缝访问数据的能力是关键的推动因素。

AI承诺带来益处，同时也对企业、开发者、政府和员工提出紧迫的挑战。劳动力需要学习新技能，利用AI而不是与AI竞争；认真考虑将本地建成全球AI发展的中心城市和国家将需要加入全球竞争，以吸引AI人才和投资；道德、法律和监管方面的挑战也需取得进展，否则可能阻碍AI的发展。

第二节　国际巨头加快人工智能布局

IT巨头在人工智能上的投入及技术的进步使得人工智能的发展在近几年显著加速，IT巨头在人工智能上的投入明显增大，一方面网罗顶尖人工智能的人才，另一方面加大投资力度频频并购，昭示着人工智能的春天已经到来。

科技企业巨头近几年在人工智能领域密集布局，巨头们通过巨额的研发投入、组织架构的调整、持续的并购和大量的开源项目，正在打造各自的人工智能生态圈。

在未来，人工智能将不再是尖端技术，而会成为随处可见的基础设施。对于人工智能初创企业而言，既要寻找与巨头的合作契合点，又要避开正面冲突。

Part 1　我国在人工智能领域的弯道超车

1. IBM（国际商业机器公司）

IBM Watson由90台IBM服务器、360个计算机芯片组成，是一个有10台普通冰箱那么大的计算机系统。它拥有15TB内存、2880个处理器，每秒可进行80万亿次运算，现在已经逐步进化到4个比萨盒大小，性能也提升了240%。Watson存储了大量图书、新闻和电影剧本等数百万份资料。Watson是基于IBM"DeepQA"（深度开放域问答系统工程）技术开发的。DeepQA技术可以读取数百万页文本数据，利用深度自然语言处理技术产生候选答案，根据诸多不同尺度评估那些问题。IBM研发团队为Watson开发的100多套算法可以在3秒内解析问题，检索数百万条信息然后再筛选还原成"答案"输出成人类语言。

在产业布局上，IBM公司自2006年开始研发Watson，并在2011年2月的《危险地带》智力抢答游戏中一战成名。一开始IBM想把Watson打造为超级Siri，主要还是卖硬件。但是后来转型为认知商业计算平台，2011年8月开始应用于医疗领域。例如在肿瘤治疗方面，Watson已收录了肿瘤学研究领域的42种医学期刊、临床试验的60多万条医疗证据和200万页文本资料。Watson能够在几秒之内筛选数十年癌症治疗历史中的150万份患者记录，包括病历和患者治疗结果,并为医生提供可供选择的循证治疗方案,目前癌症治疗领域排名前三的医院都在运行Watson。2012年3月,Watson则首次应用于金融领域,花旗集团成为首位金融客户。Watson帮助花旗分析用户的需求,处理金融、经济和用户数据以及实现数字银行的个性化,并帮助金融机构找出行业专家可能忽略的风险、收益以及客户需求。

在硬件方面,IBM采用人脑模拟芯片,即"自适应塑料可伸缩电子神经形态系统"芯片。它含有100万个可编程神经元、2.56亿个可编程突触,每消耗1焦耳的能量,可进行460亿突触运算。在进行生物实时运算时,这款芯片的功耗低至70毫瓦,比现代微处理器功耗低数个数量级。

2. Google(谷歌)

谷歌在一系列人工智能相关的收购中获益。2013年3月,谷歌以重金收购DNNresearch的方式请到了深度学习技术的发明者Geoffrey Hinton教授。2014年年初,谷歌以4亿美元的价格收购了深度学习算法公司——DeepMind,也就是推出AlphaGo项目的公司。该公司创始人哈萨比斯(Hassabis)是一位横跨游戏开发、神经科学和人工智能等多领域的天才人物。

谷歌建立了以TensorFlow数据库为基础的云平台。机器学习的核心是让机器读懂数据并基于数据做出决策。当数据规模庞大而又非常复杂时，机器学习可以让机器变得更聪明。TensorFlow在数据输入和输出方面都有惊人的精度和速度，它被确切地定义为人工智能工具。

谷歌的产业布局主要分布在无人驾驶汽车、基于Android智能手机的各种APP应用与插件、智能家居（以收购的NEST为基础）、VR生态、图像识别（以收购的Jetpac为基础）。

3. Facebook（脸谱）

2013年12月，Facebook成立了人工智能实验室，聘请Yann LeCun为负责人。Yann LeCun是纽约大学终身教w高度肯定，其脸部识别率的准确度达到97%。而他领导的Facebook人工实验室研发的算法已经可以分析用户在Facebook的全部行为，从而为用户挑选出其感兴趣的内容。

4. Amazon（亚马逊）

2017年4月，亚马逊CEO杰夫·贝索斯（Jeff Bezos）在年度股东信中表示，该公司正在拥抱人工智能技术，希望借此加快送货速度、提升Alexa语音助理的能力、开发新的云计算工具。贝索斯称，人工智能会引入很多变革，而机器学习会帮助那些积极拥抱它们的公司，同时对那些抗拒变革的公司构成障碍。

贝索斯重复了一个熟悉的主题：每天都要像创业第一天一样运营公司，保持创业心态，快速通过有限的信息保持领先，他将此称作"高速决策"。他对人工智能和机器学习的重视凸显出该公司将会继续投资的领域。

机器学习可以让电脑在没有预定程序指引的情况下采取行动，已经应用在无人驾驶汽车、语音识别和互联网搜索引擎等领域。这项技术对亚马逊无人机配送、Echo音箱和新的Amazon Go实体便利店产生了影响。

"但我们在机器学习领域开展的活动很多都在底层。"他写道,"机器学习推动了我们的需求预测算法、产品搜索排名、商品和优惠推荐、促销布置、欺诈探测、翻译等业务。但更不易被人看到的是,机器学习的很多影响都是对我们的核心运营展开悄无声息然而行之有效的促进。"

作为该公司的云计算部门,亚马逊网络服务(AWS)将提供价格实惠的工具,帮助客户将人工智能和机器学习整合到自己的业务中。这类工具已经用于诊断疾病和提升农作物产量等领域。

5. Apple(苹果)

2016年开始,苹果一改多年圈地自给的习惯,宣布未来会将人工智能研究成果第一时间公布于众,以期促进人工智能技术的交流与发展,提高iPhone对深度学习技术的理解与应用。

苹果人工智能研究负责人Russ Salakhutdinov表示,当2011年苹果引入Siri虚拟智能管家之时,有关人工智能技术的竞争就已然开始,但随着像Alphabet的Google Assistant、亚马逊Alexa管家的陆续出现,争夺开发者在这场战争中的意义变得更加重要。

此前,苹果一直禁止研究人员对外分享自己的研究成果,禁止公开发表相关的学术发现。此次,苹果一改以往封闭式的研究方式,允许像谷歌和Facebook一样公开研究成果,这一举动从侧面证实了苹果在人工智能领域发展的尴尬:有消息称,苹果的人工智能研究团队一直很难扩招——多数研究学者因为无法与同行沟通交流,因而并不喜欢在相对闭塞的机密环境下工作。加之苹果始终要求"保护用户隐私"而对研究加以诸多限制,这让苹果即便投资2亿美元组建研究室也无济于事。可以说,苹果在人工智能领域的研究进程一直不太理想。

2016年10月,Russ Salakhutdinov受聘于苹果,专门负责带领人工智能团队。他强调:"我们可以(将研究成功)公布吗?可以。我们会和专家学者一起合作吗?会的!"其态度非常明了,那就是要为苹果吸引并留住行业人才。

第三节 中国政策加码人工智能布局

中国在历史上痛失了前三次工业革命。以人工智能为鲜明特征的第四次工业革命席卷而来,中华民族第一次置身于浪潮之中,我们必须逐浪搏击,抢抓机遇,力争成为世界主要人工智能创新中心,推动产业转型、智能经济、智能社会与军民融合的加速发展,以实现中华民族伟大复兴的中国梦。

2015年7月,国务院印发《"互联网+"行动指导意见》,明确人工智能为形成新产业模式的11个重点发展领域之一,将发展人工智能提升到国家战略层面。而在"后AlphaGo时代"的中国,一系列力推人工智能发展的政策更是密集出台。

2016年3月公布的我国"十三五"规划纲要,将"脑科学与类脑研究""大力发展工业机器人、服务机器人、手术机器人和军用机器人,推动人工智能技术在各领域商用""推动驾驶自动化、设施数字化和运行智慧化"等内容,列入国家未来几年的重要发展战略。

2016年3月21日,工信部、国家发改委、财政部联合发布《机器人产业发展规划(2016~2020年)》,这份规划和"中国制造2025"重点领域技术路线图,一道勾画出了中国机器人产业的发展蓝图。按照计划,到2020年,中国工业机器人年销量将达到15万台,保有量达到80万台;到2025年,工业机器人年销量将达26万台,保有量达180万台;到"十三五"末,中国机器人产业集群产值有望突破千亿元。

赵春林在前沿讲座上

2016年5月27日,国家发展改革委、科技部、工信部、中央网信办联合发布《"互联网+"人工智能三年行动实施方案》,明确提出要培育发展人工智能新兴产业、推进重点领域智能产品创新、提升终端产品智能化水平,并且政府将在资金、标准体系、知识产权、人才培养、国际合作、组织实施等方面进行保障。

国家发改委组建人工智能国家队,助推人工智能发展。国家发改委高技术司公布了2017年"互联网+"重大工程拟支持项目名单。名单公示了22个项目,有4家AI公司上榜:百度、科大讯飞、腾讯和重庆中科云丛科技。值得关注的是,拟支持的项目均为这几家公司的"人工智能基础资源公共服务平台/人工智能云服务平台",名称中显示出入选人工智能项目基础性、标准化等特征。

为促进中国的人工智能的发展,2017年7月20日,国务院正式印发《新一代人工智能发展规划》。

2016年10月美国政府出台了《为人工智能的未来做好准备》和《国家人工智能研发战略规划》两份报告,同年12月由白宫发布了《人工智能、自动化与经济》报告。相比之下,中国政府这次印发的《新一代人工智能发展规划》(以下简称《规划》),更加系统全面,既着眼于现实的大数据人工智能应用与产业发展,又瞄准认知智能、人机混合智能、群体智能、类脑智能计算和量子智能计算等未来前瞻性探索,对抢抓世界范围内新一轮人工智能发展的重大战略机遇,加快建设创新型国家和世界科技强国,具有里程碑式的重大意义。

规划包括三步走的战略目标,涉及六大重点任务和六项保障措施,前瞻布局了"1+N"的1核多支撑的重大科技项目群规划,全面体现了科技引领、系统布局、市场主导和开源开放四大基本原则。

《规划》指出,要全面贯彻党的十八大和十八届三中、四中、五中、六中全会精神,深入学习贯彻习近平总书记系列重要讲话精神和治国理政新理念新思想新战略,坚持科技引领、系统布局、市场主导、开源开放等基本原则,以加快人工智能与经济、社会、国防深度融合为主线,以提升新一代人工智能科技创新能力为主攻方向,构建开放协同的人工智能科技创新体系,把握人工智能技术属性和社会属性高度融合的特征,坚持人工智能研发攻关、产品应用和产业培育"三位一体"推进,全面支撑科技、经济、社会发展和国家安全。

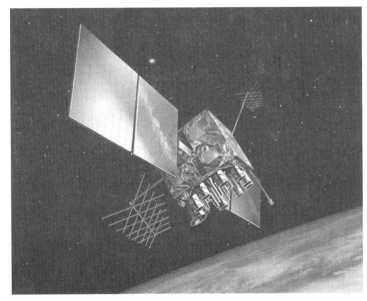

　　《规划》明确了我国新一代人工智能发展的战略目标：到2020年，人工智能总体技术和应用与世界先进水平同步，人工智能产业成为新的重要经济增长点，人工智能技术应用成为改善民生的新途径；到2025年，人工智能基础理论实现重大突破，部分技术与应用达到世界领先水平，人工智能成为我国产业升级和经济转型的主要动力，智能社会建设取得积极进展；到2030年，人工智能理论、技术与应用总体达到世界领先水平，成为世界主要人工智能创新中心。

　　《规划》提出了以下六个方面的重点任务：

　　一是构建开放协同的人工智能科技创新体系，从前沿基础理论、关键共性技术、创新平台、高端人才队伍等方面强化部署。

　　二是培育高端高效的智能经济，发展人工智能新兴产业，推进产业智能化升级，打造人工智能创新高地。

　　三是建设安全便捷的智能社会，发展高效智能服务，提高社会治理智能化水平，利用人工智能提升公共安全保障能力，促进社会交往的共享互信。

　　四是加强人工智能领域军民融合，促进人工智能技术军民双向转化、军民创新资源共建共享。

五是构建泛在安全高效的智能化基础设施体系，加强网络、大数据、高效能计算等基础设施的建设升级。

六是前瞻布局重大科技项目，针对新一代人工智能特有的重大基础理论和共性关键技术瓶颈，加强整体统筹，形成以新一代人工智能重大科技项目为核心、统筹当前和未来研发任务布局的人工智能项目群。

《规划》强调，要充分利用已有资金、基地等存量资源，发挥财政引导和市场主导作用，形成财政、金融和社会资本多方支持新一代人工智能发展的格局，并从法律法规、伦理规范、重点政策、知识产权与标准、安全监管与评估、劳动力培训、科学普及等方面提出相关保障措施。

第四节 人工智能助力"中国智造"弯道超车

在当前火爆的人工智能领域，将引爆万亿市场规模，中国新一代人工智能发展规划中提及，到2030年，人工智能核心产业规模超过1万亿元，带动相关产业规模超过10万亿元，普华永道发布的报告显示到2030年时，人工智能对全球经济的贡献将高达15.7万亿美元。

人工智能带来社会变革，使得AI技术无处不在，渗透至各行各业。中国最值得关注的10家人工智能领域的公司，分别是百度、腾讯、阿里巴巴、海康威视、搜狗、大疆创新、华大基因、碳云智能、图灵机器人和思必驰，既有BAT领衔的科技巨头与以美国为首的全球科技巨头争夺未来，也有被视作创新典范的人工智能企业。

1. 百度

人工智能作为百度核心战略，百度在这方面投入高达百亿资金，众多技术已达到国际水平，更是举办了国内第一个以人工智能为核心的AI开发者大会，把所有技术、数据开放给开发者，这一举动将助力全球产业发展。

AI驱动着百度转型，赢得人工智能是百度核心战略，为此百度成立Apollo基金和DuerOS基金，推动中国AI的发展。同时，赢得人工智能就能赢得未来也成为业内共识，因AI将会像水电一样成为基础设施，无处不在。

2. 腾讯

人工智能来势汹汹，将对众多行业产生巨大影响，代表未来科技趋势，中国互联网企业排名第一的腾讯也在加速布局，创建了人工智能实验室AILab，该实验室拥有50多位AI科学家及200多位AI应用工程师，专注于人工智能的基础研究。无论从产品创新、技术进步、商业模式上，腾讯将赋能全行业，通过云服务与开放平台，将视觉、语音、自然语言、机器学习等方面的AI技术分享产业链，让AI在未来无处不在。

3. 阿里巴巴

国内互联网三巨头（BAT）相互在抢夺通往人工智能的船票，而阿里所成立的人工智能实验室，主要面向消费级的AI产品研发，包括近期备受关注的一款智能音箱产品就是出自该实验室。另外，阿里旗下蚂蚁金服是金融科技典范，将人工智能引至金融生活，包括近期刷爆朋友圈的阿里无人超市，就是蚂蚁金服所研发的。

4. 海康威视

受益于人工智能的崛起，海康威视傲视群雄，市值高达2700亿元左右，与美的等公司争夺"深市一哥"，成为最大的赢家之一。正是拥有众多大数据、人脸识别、深度学习、视频结构化等前瞻核心技术，其研究院着眼前沿开展未来技术研究。在MOT Challenge算法测评中，海康威视同样获得"计算机视觉的多目标跟踪算法"世界第一。

5. 搜狗

搜狗从作为搜狐的一个部门，到独立发展，再到将赴美IPO，而IPO的版图重心不再是搜索、输入法和浏览器，而是依托人工智能。当谷歌、百度等科技巨头在以各种形式的人机大战吸引眼球之际，搜狗则向清华大学捐资1.8亿元，一起成立了"天工智能计算研究院"。

人工智能是互联网行业发展方向，未来的颠覆性技术力量。在搜狗CEO

王小川看来，搜索引擎本身就是一种AI，王小川也曾明确了搜狗的人工智能战略："搜索的未来就是人工智能的明珠，自然交互和知识计算则是搜狗人工智能战略的核心。"显然王小川把搜狗的未来押在了人工智能上，后者也成为搜狗的新"赛道"。

6. 大疆创新

作为深圳创新典范的大疆创新，是全球消费级无人机最大的企业，其取得的成果，更是带动了整个无人机产业发展占据7成份额。与此同时，大疆将人工智能技术引入消费级无人机领域，将开启一个智能飞行新时代。

7. 华大基因

当前已进入大健康时代，华大基因不断地推送出生命科学的前沿技术，为人类健康做出贡献，在资本市场备受追逐。作为资本市场最耀眼的明星公司之一，随着人工智能、生命科学和大数据的融合，生命大数据将会使医学领域有一个巨大飞跃，也使得"精准医疗"变为可能，华大基因有望成为未来风向标。

8. 碳云智能

2015年10月创立的碳云智能，在成立之初就备受大佬和资本关注，成立不到半年，就表示完成了超过1亿美元的A轮融资，估值在10亿美元左右，投资方包括中源协和、腾讯及天府集团等。

医疗健康可能会成为另外一个被AI改变的领域，生命科学和数据创业将迎来爆发性增加，而碳云智能则迎合了这一趋势，通过A轮融资及估值，让一家成立之初的企业瞬间成为生命健康领域的"独角兽"公司。

9. 图灵机器人

随着AI技术的日益成熟，与其密切相关的机器人已经开始走进家庭场景，而图灵机器人受益于这一趋势，成为国内最具创新能力的人工智能创业团队之一，率先在业界发布了一款人工智能级的机器人操作系统Turing OS，也是中文语境下智能度最高的机器人"大脑"，并推出多款机器人应用，打造从"功能机器人时代"跨入"智能机器人时代"的新章程，致力于智能机器人走进全球每个家庭。如今，其机器人平台汇聚了超过60万名开发者，拥有全球最大的中文语料库和知识库，领跑AI领域。

10. 思必驰

思必驰是国内专业的人工智能语音企业之一，2016年曾被高盛评选为全球人工智能关键参与者（国内两家企业入围），近期发展势头正盛，与众多企业巨头达成了合作，如阿里旗下的天猫精灵X1、联想智能音箱、小米AI音箱、小米板牙智能后视镜、360小巴迪机器人等产品均搭载了思必驰语音交互方案，这无疑加快了思必驰开拓智能硬件市场的步伐。

近期，针对开发者群体，思必驰重磅推出了DUI（AISpeech Dialogue User Interface）开放平台，并成立了2亿开发者基金，用以扶持平台上优秀的开发者、优秀应用案例和创业项目，这在整个AI语音市场一石激起千层浪，瞄准了这一领域蓄势待发，后期表现仍非常值得期待。

人工智能日益成为新一轮产业革命的引擎。在人工智能领域，中国大体上能与世界先进国家发展同步，完全有能力跻身新工业革命前列。我们应该依托互联网平台提供的人工智能，创新公共服务方式，加快人工智能核心技术突破，促进人工智能在智能家居、智能终端、智能汽车、机器人等领域的推广应用，培育若干个引领全球人工智能发展的骨干企业和创新团队，形成创新活跃、开放合作、协同发展的产业生态。

第十六届孔子国际博士节上博士们和导师合影

中国经济发展正进入一个新常态。经济发展方式正从规模速度型的粗放式增长向质量效率型的集约式增长转变。供给侧结构性改革要求我们在适度扩大总需求的同时，去产能、去库存、去杠杆、降成本、补短板，从生产领域加强优质供给，减少无效供给。因此，在大力淘汰"僵尸企业"的同时，我们要更多地依靠改革、转型、创新来培育新增长点，形成新动力。

Part 1　我国在人工智能领域的弯道超车

在中国新一轮改革发展关键时刻，人工智能技术确实给我们提供了一个弯道超车的机会。作为制造业大国，近年来中国低成本优势逐渐消失，制造业转型迫在眉睫。对企业而言，利用好新一代信息技术将是其在新时代成长环境中抓住机遇的关键。我们应充分利用大量企业正在转型升级的机会，强化企业在人工智能技术创新中的主体地位，充分发挥百度、阿里巴巴、腾讯等在人工智能领域已经有所建树的大企业的作用，紧盯人工智能研究的最前沿发展，打造引领全球人工智能发展的骨干企业。

同时，培育若干个中小智能企业，支持他们根据市场需求来确定创新突破口。国家应从资金、税收、人才、知识产权、放开管制等方面入手，大力营造有利于人工智能领域企业发展的政策环境和制度环境，鼓励企业结合市场和国家需求，将人工智能的基础和应用研究产品化、商业化，实现产业链的优化和调整。

推动技术创新应该成为国家的重要使命和责任。人工智能是一项抢占未来竞争高地的基础性技术，研究经费耗费巨大，超出个人甚至企业承受范围，更需要国家战略层面的资金支持和参与。政府工作重点在于政策引导与资金支持，特别是在基础研究领域中，应该抓紧制定政策，建造一批国家级、基础性、共性技术的人工智能研发基地和平台。高校与科研机构则应在推动基础和应用研究和人才培养上发挥重要作用。此外，国家还应鼓励一部分高校开办人工智能专业研究所与学院。

要把自主创新与引进消化再创新相结合。虽然人工智能领域中的很多最前沿应用技术掌握在国外，特别是在美国高科技中小企业手中，但他们缺乏大规模、低成本的制造能力与市场营销能力。中国制造业和美国中小科技企业有着天然互补性。应支持中国风险投资加大对美国前沿中小公司的投资，再把这些产品引进国内生产，把中国一部分制造业打造成全球人工智能产品制造链条中的关键环节。

如果比较美国和中国的人工智能技术，会发现美国在人工智能上的发展相较于中国只是暂时处于领先地位。谷歌、亚马逊、微软等在人工智能的多个领域，如语音交互、图像识别、无人驾驶等布局更早，掌握更先进的基础理论和技术应用能力。但中国的创新者不仅有政府政策的多方面支持，而且本身就有技术基础。深度学习有40%的论文是由华人发表的，我们和专家沟通起来没有语言障碍，也没有时差障碍；中国还有很好的数据、巨大的样本群，以及出色的工程师队伍、全球一流的制造能力。人工智能是中国最大的一次机会，人和机器人共存的时代一定会到来。

第五节　中国开启大脑研究计划

瑞士知名心理学家皮亚杰对智力下过一个定义：智力是你不知道怎么办时动用的东西。

最开始，人类一切的智力活动都是通过人脑来进行的。但当脑科学研究的序幕开启、人类开始走进神经科学研究的领域之后，依托于计算机的人工智能正逐渐成为新的"智力"活动代表。

1997年，IBM的"深蓝"计算机战胜了国际象棋世界冠军卡斯帕罗夫，这是计算机第一次在此领域击败人类。

2016年3月，由Google DeepMind团队开发的人工智能程序AlphaGo第一次在不借助让子的情况下击败了围棋职业九段棋手李世石，再次创造历史。因为在传统观念看来，围棋的竞技更加复杂，计算机此前最好的算法也只能达到一个优秀棋手的水平，但无法登顶。

2017年5月，升级版的AlphaGo继续挑战世界第一棋手柯洁，并且取得了全胜。这一次，人工智能的威力被提升到了一个新的高度，"人类迟早会被

Part 1　我国在人工智能领域的弯道超车

人工智能所取代"越来越成为人们的担忧。

但无论是电脑将战胜人脑，还是人脑始终完胜电脑，对于脑科学领域的研究永远不会止步。这不仅会影响到科技的进步，更关系到人类的生存。

在这一领域的研究，虽然欧美国家是先驱者，但中国也并不打算落后。中国科学院神经科学研究所所长蒲慕明透露，中国将于2017年年底推出"脑科学研究计划"。

这个"脑计划"，主要针对脑科学和类脑研究进行名为"一体两翼"的战略部署。"一体"指以阐释人类认知的神经基础为主体，"两翼"则包括对脑重大疾病的研究和通过计算和系统模拟推进人工智能的研究。

早在2015年，研究人员就已经在此领域达成了共识。2016年，"脑科学与类脑研究"还被"十三五"规划纲要确定为重大科技创新项目和工程之一，作为"科技创新2030重大项目"的四个试点之一，进入了编制项目实施阶段。

蒲慕明表示，虽然"脑计划"的具体细节还未确定，但政府会投入巨资，民营资本也有望参与，总投资规模将与美国"脑计划"相当。

2005年，美国曾推出"神经科学研究蓝图"计划，并于2013年投资了30亿美元，用于推动创新性神经技术开展大脑研究的国家专项计划，2016年还制定了《国家人工智能研究与发展战略规划》。

数据显示，美国政府目前每年对神经科学研究投入的资金多达50亿美元，如果算上私人基金的捐助，数额会更多。

欧盟在这方面的投入也非常可观。他们曾经推出为期10年的"脑计划"研究项目，有上百所欧洲院校和研究中心参与，项目经费高达12亿欧元。2016年，他们还宣布将继续增资1亿欧元。

相比之下，中国就稍微有些落后了。不仅投入的经费要远低于欧美国家，在人才储备、参与机构数量方面，也是略逊一筹。因此，中国"脑计划"在2017年年底的正式落地，可以说是迫在眉睫了。

这也是科学发展和人类生存的需要。一方面，随着近几十年脑科学发展速度的加快，包括神经网络在内的新技术不断涌入，将该领域的研究提升到了一个更高的层次；另一方面，包括阿尔茨海默症、帕金森病、中枢神经系统损伤等在内的脑部重大疾病仍在困扰着人类的生活，急需更加先进的技术来解决。

赵春林在接受中国公益事业形象大使颁奖

在这些研究分支之下，科学家们已经取得了一定的进展，比如说美国神经科学专家已经对大脑的结构和分区实现了精细的描绘，在此基础之上，结

Part 1　我国在人工智能领域的弯道超车

合计算机科学技术,人类对大脑的工作原理将实现更加深入的理解。

而近年来越来越受到关注的人工智能技术,更是离不开对脑科学的深入探究。在中科院神经科学研究所发表的一篇文章中,他们认为,脑科学和类脑智能技术二者相互借鉴、相互融合的发展是近年来国际科学界涌现的新趋势。脑科学研究对大脑认知神经原理的认识,不仅提升了人类对自身的理解和脑重大疾病的诊治水平,也为发展类脑计算系统和器件、突破传统计算机架构的束缚提供了重要的依据。

从目前各国已经启动的"脑计划"来看,美国更侧重于研发新型脑研究技术,欧盟则主攻以超级计算机技术来模拟脑功能,日本也推出过"脑计划",主要是以狨猴为模型研究各种脑功能和脑疾病的原理。

根据蒲慕明的介绍,中国的"脑计划"会更加全面,融合了上面三个不同层面的布局。但在涉猎的范围有所取舍的前提下,在未来的15年内,中国希望能够在脑科学、脑疾病早期诊断与干预、类脑智能器件三个前沿领域取得国际领先的成果。

基于"中国脑计划"布局,北京和上海均已启动"脑科学与类脑智能"地区性计划,开始资助相关研究项目。中科院于2015年年初成立包含20个院所,80个精英实验室的脑科学和智能技术卓越创新中心,由蒲慕明担任中

主任，各高校也纷纷成立类脑智能研究中心。而对于即将出台的"中国脑计划"来说，更大的挑战是能否以革新性的机制来统筹各方资源，使"单兵作战"转向"强强联合"，确保目标最终达成。

"我们希望中国脑计划的启动，真正能整合全国的科研力量，在几个重大的前沿问题上能有世界领先的突破，"蒲慕明说，"这必须要真正建立跨单位、跨地区、跨学科、强强结合的团队，打破单位的本位主义，加强科学院与大学院校之间的实质合作。"

可喜的是，除了中科院，包括北大、复旦、浙大等高校也将参与到这次的"脑计划"之中。

第六节　加快建设人工智能资源库

2016年5月23日傍晚，发改委、科技部、工信部和网信办联合印发《"互联网+"人工智能三年行动实施方案》（以下简称《方案》）。《方案》表示，到2018年，中国将基本建立人工智能产业体系、创新服务体系和标准化体系，培育若干全球领先的人工智能骨干企业，形成千亿级的人工智能市场应用规模。

《方案》提出，为降低人工智能创新成本，中国将建设面向社会开放的文献、语音、图像、视频、地图及行业应用数据等多类型人工智能海量训练资源库和标准测试数据集。国家还将建设满足深度学习等智能计算需求的基础资源服务平台，包括新型计算集群共享平台、云端智能分析处理服务平台、算法与技术开放平台等。

根据该方案，未来3年将在3个大方面、9个小项推进智能产业发展。智能家居、智能可穿戴设备、智能机器人等都将成为发展的重点扶持项目。该实

Part 1　我国在人工智能领域的弯道超车

施方案明确未来3年人工智能产业的发展重点与具体扶持项目，体现出人工智能领域已被提升至国家战略高度。在国家高度重视下，科研投入增加与人才红利注入预期将加速产业变革，如人脸识别、语言识别、智能机器人等细分领域的应用将不断拓宽并进一步实现商品化。

赵春林和中国决策科学院副院长李新政教授出席大连诺贝尔经济论坛

1. 建立完善的数据生态系统

海量数据是训练人工智能系统、吸引人才、加速创新的核心要素之一。中国可以通过建立并落实数据规范、向私营领域开放公共数据、鼓励跨国数据交流来构建一个更为完善的数据生态系统。

首先，建立数据标准是进行广泛数据分享和实现系统间交互操作的重要前提条件，有助于提升物联网及人工智能技术的价值。潜在的庞大数据体量是中国的天然优势，使中国有机会在国际上更好地发挥领头羊的作用。而且，在与中文语言相关的数据规范制订方面，中国也应起到主导作用。

对于特定行业数据，政府可要求现有的监管机构制定必要规则。比如美国证券交易委员会在2009年出台规定，要求所有上市公司使用XBRL（可扩展商业报告语言）格式发布财报，确保所有公开数据的机器可读性。

其次，为了提升数据的多样性，政府应提高公共数据的开放程度，并带头建设行业数据库，这些举措同时能够提升公共服务质量、提供政策制定洞见，从而带来额外益处。比如纽约市政府就建立了公开数据门户网站，为市民提供经济发展、医疗、休闲、公共服务等领域的数据。

2012年纽约市还颁布了《开放数据法案》，要求政府部门使用机器可读取的数据并建立API（应用程序编程接口），方便软件研发人员直接连接政府系统并获取数据。

最后，中国政府还需考虑国际数据流的价值。麦肯锡全球研究院的调查表明，2014年，跨境数据流为全球经济创造了2.8万亿美元的价值，对经济增长的贡献已经超过实体贸易。此外，研究还指出，由于经济体需要接触全球的思想、研究、科技、人才和最佳实践案例，数据流入和流出都十分重要。

数据是未来的货币，例如在医学研究中，如果没有全球海量临床数据的支持，人工智能的潜力就无法得到充分挖掘。过多的桎梏将会束缚中国的人工智能企业，导致其丧失开发具有全球竞争力产品的能力。

2. 拓宽人工智能在传统行业的应用

只有当人工智能技术在中国真正普遍地应用于传统行业，而不仅仅属于科技巨头时，其经济潜力才会充分彰显。提升各行各业的生产力水平将创造巨大的价值，但中国首先需要克服重重障碍。

第一重障碍是很多商业领袖还没有意识到改变现有业务运作方式的紧迫性。麦肯锡调查显示，目前在中国的传统行业中，超过40%的公司仍未将人工智能列入战略优先项。因此，许多公司仍未开始采集未来人工智能系统所需要的数据，例如农业公司鲜少记录如种植时间表或是气候对产出的影响，而这些信息正是洞见人工智能生成及提升效益所需要的。与此形成对比的是，英国、美国和日本都已建立了全国信息系统采集此类数据，将先进的分析技术引入现代农业管理。

Part 1　我国在人工智能领域的弯道超车

第二重障碍是专业技术知识的缺失。中国需要培养更多的优秀数据科学家，特别是在一些需求紧迫的领域。而能将人工智能知识转化为商业应用创造价值的人才也同样紧缺。为了理解和应用数据，越来越多的企业决策者和中层管理者需要学习新技能。

与英特尔类似，一家中国芯片制造商已经意识到，分析在制造和测试过程中的大量数据将有助于改进生产流程并降低残次率。但由于缺乏既懂半导体技术，又懂人工智能的人才，这一想法仍然没能被付诸实施。

第三重障碍是实施成本较高。对中国企业而言，购买人工智能系统、高价聘用专业人才有时并不合算。当人工成本较低时，引入先进技术、精简人工流程的需求也并不那么迫切。

赵春林在联合国高峰论坛上演讲

人工智能最大的价值在于引导传统产业的彻底变革。如果政府能够帮助克服人工智能发展初期面临的这些障碍，市场将有机会充分驱动人工智能未来的发展。

减税和补助等传统经济工具可以解决一些问题。同时，政府还应率先垂范应用人工智能系统。这将产生强有力的跟随效应，激活市场，助力服务供应商的发展，积累技术经验和人才，最终达到降低应用成本的目的。

此外，鼓励物联网（简称"IOT"）在传统行业的应用将有助于人工智能产生更多的价值。物联网通过传感器和网络实现各类设备间的联通，为人工智能提供了海量的真实世界数据。结合"互联网+"政策，政府可协助打造物联网在关键经济领域应用的成功案例，为其他行业树立典范。

人才对人工智能的发展和应用至关重要。一个健康的人才结构应包括尖端的研究人员来推动人工智能基础技术的发展，开发人员以促进人工智能在现实环境中的应用，以及大量能够与人工智能系统在不同场景共事的劳动力。

3. 加强人工智能专业人才储备

中国面临着巨大的人工智能人才缺口，政府需要大力投资人工智能相关的教育和研究项目，重新设计教育体系，突出创新和数字技术的重要性，制定吸引全球顶尖人才的移民政策。

推进人工智能技术的发展，需要建立更大规模的计算机科学精英人才库。政府可出资设立人工智能项目，资助顶尖大学创建人工智能研究实验室和创新中心，以推进大学、科研机构和私营企业间的合作。

在这方面，韩国政府已经迈出坚实的一步，投资1万亿韩元（约合8.63亿美元）与韩国商业巨头合资建立国家级的公私合营人工智能研究中心。加拿大政府也有类似举措，向蒙特利尔三所大学的人工智能研究项目投资超过2亿美元。

专家表示，中国必须花大力气培养更为广泛的创新文化，方可实现人工智能领域的突破，途径之一就是引入将人工智能和其他学科相结合的大学课程。

斯坦福和麻省理工等顶尖美国高等院校已经开设了计算机科学与人文学

科的联合专业,旨在寻求激发创造力的新方法。此类课程能够激发人工智能在医疗、法律、金融和媒体等各领域的应用。

投资大学项目可带来长期收益,因为人才是未来吸引国际公司的核心所在,而非传统的税收或其他财务优惠。人工智能的大型研发团队对吸引学术人才愈发重视。谷歌DeepMind团队中有大约2/3的成员来自如伦敦大学学院、牛津大学和蒙特利尔大学等学术机构。这一领域顶尖公司自然而然会向拥有大量人工智能人才的城市汇聚,例如随着蒙特利尔在该领域的声名鹊起,谷歌和微软都宣布将向当地大学人工智能研究所投资并拓宽公司在当地的业务。

除了培养国内人才,中国也需要与全球顶尖数据科学家合作,参与到国际协作之中,包括大力引进国际专家来华工作、鼓励中国人工智能研究者出国学习全球最新的创新科技。这些要求政府放松居住和移民政策,并出台奖励和支持措施。

4. 确保教育和培训体系与时俱进,支持劳动力大军的再培训

人工智能在经济和社会中的普遍应用还需要数十年,但中国现在就应为一些行业的快速颠覆做好准备。某种关键技术的突破短短几年就可以让一些职业消失,如打字员、接线生、胶片洗印师及许多其他职业都随着科技进步基本退出了历史舞台。

未来的一项长久挑战是帮助受到人工智能冲击的行业劳动力重新适应并获得新技能,这将是保障公共福利和维护社会稳定的关键。政府要及时识别哪些是最可能被自动化取代的工作,并为受到影响的劳动力提供再培训,比如与职业培训学校紧密合作,向工人提供免费教育的机会。

与此同时,政府也应着力加强数据和人工智能在各个阶层的教育。未来的政府领导必须理解人工智能才能制定明智的政策,未来的管理人员必须了解人工智能才能管理企业,未来的工人必须学会与人工智能共事才能避免被

淘汰。

中国应长期关注相关领域的教育，保证未来劳动力具备所需技能。这不仅包括建立未来数据科学家和工程师储备库，还要让多数劳动力懂得如何在各行各业使用科技。学校需要更重视科学、技术、工程和数学教育，即使是基础教育和职业培训也需要增加数据教育的内容。

人工智能和很多重复性工作的自动化很可能扩大数字鸿沟，因此政府对不平等问题的应对就显得尤为重要。相关举措包括确保教育机会的平等性，保证女学生、农村和内陆地区学生在科学、技术、工程、数学和人工智能等各个方面能够获得充分教育。

5. 在国内及国际上建立伦理和法律共识

人工智能的进步将在多个方面为社会带来深远的影响。在最为紧迫的伦理和法律问题上，中国不仅要在本国，更要在国际上促成共识。

在国内，应形成一套透明和广泛的质询程序来确保公众做好迎接变革的准备。一些法律问题，比如隐私保护和自动驾驶汽车的责任认定等，将对人工智能的发展及应用有着举足轻重的影响。全国人大需要建立起法律框架，扫清法律上的不确定性。

待法律框架建立之后，政府就要成立监管机构负责人工智能的监督和管理。考虑到人工智能在各行各业的广泛应用，这就要求政府与各相关机构协商咨询、发挥其专长，比如医疗领域的应用不当将造成严重后果，因此国家卫生和计划生育委员会必须在规则制定过程中拥有强有力的话语权。

在国际方面，中国可以牵头组建国际性的监管机构以促进人工智能技术的和平、全面和可持续发展，该国际机构的目标应是监管人工智能的发展、制定标准和确定伦理准则。

除了监管，中国还可以在全球经济发展中起到模范作用。为保证全球数字鸿沟不会成为经济繁荣的长期阻碍，中国可与其他发展中国家分享和交流人工智能技术及管理经验,从而揭开"人工智能一带一路"新篇章。

赵春林拜访新中国四大演讲家之一的彭清一老师并请教演讲艺术

在未来数十年间,人工智能有可能从根本上改变人类社会。中国应充分利用这一极其重大的技术进步提高生产力以保持较快增长。更为重要的是,中国有能力,也有机会领导人工智能在全球范围的发展和治理,确保人工智能为全人类福祉做出应有的贡献。

第七节 培养集聚人工智能高端人才

2017年10月18日,在十九大开幕会上,习近平总书记代表第十八届中央委员会做了题为《决胜全面建成小康社会 夺取新时代中国特色社会主义伟大胜利》的报告。在《贯彻新发展理念,建设现代化经济体系》这一部分讲到:"加快建设制造强国,加快发展先进制造业,推动互联网、大数据、人工智能和实体经济深度融合,在中高端消费、创新引领、绿色低碳、共享经济、现代供应链、人力资本服务等领域培育新增长点、形成新动能。"

人工智能作为新一轮产业变革的核心驱动力,将进一步释放历次科技革命和产业变革积蓄的巨大能量,对于打造新动能具有重要意义,正成为国际竞争的新焦点和经济发展的新引擎。作为人工智能发展的关键要素,人工智能人才的培养集聚已成为很多国家的战略重点。国家《新一代人工智能发展规划》指出,我国人工智能尖端人才远远不能满足需求,要把高端人才队伍建设作为人工智能发展的重中之重。

1. 人工智能发展的关键在于高端人才

自1956年美国达特茅斯会议提出理念至今,人工智能几经起伏,直到最近几年,才终于进入快速突破和实际应用阶段。作为人类社会信息化的又一次高峰,人工智能正加速向各领域全面渗透,将重构生产、分配、交换、消费等经济活动环节,催生新技术、新产品、新产业。

人工智能的发展阶段和技术路线倚重高端人才。当前,人工智能正在从实验室走向市场,处于产业大突破前的技术冲刺和应用摸索时期,部分技术和产业体系还未成熟。在这个阶段,能够推动技术突破和创造性应用的高端人才对产业发展起着至关重要的作用。可以说,人才的质量和数量决定着人工智能发展水平和潜力。

对人才的争夺和培养是各国发展人工智能的重要策略。在各国发布的人工智能战略中,人才都是重要组成部分。美国白宫发布的《为人工智能的未来作好准备》以及《国家人工智能研发战略规划》中,对如何吸引人才着墨甚多。英国政府科学办公室发布的《人工智能、未来决策面临的机会和影响》也对如何保持英国的人工智能人才优势有特别说明;英国下议院科学技术委员会发布的《机器人技术与人工智能》调查报告中,对英国政府能否吸引人才从而保证英国在人工智能领域的领导力提出了敦促和质询。加拿大启动"泛加拿大人工智能战略",重点提出增加加拿大人工智能领域的卓越学者和学生数量。

2. 人才争夺处于"白热化"状态

人工智能人才出现了全球性短缺。从职位供求关系来看,根据某招聘平台统计,在全球范围内,通过该平台发布的人工智能职位数量从2014年的接近5万个猛增至2016年的超过44万个。从人才薪酬来看,全球人才争夺处于"白热化"状态,人工智能人才的薪酬大幅度高于一般互联网人才。

人工智能人才的稀缺是全球产业变革的结果。人工智能人才问题,本质上是新产业变革带来的劳动能力需求转换所导致的人才结构性短缺。作为新一轮产业变革的核心驱动力和通用技术平台,人工智能将推动各个领域的普遍智能化,在这一过程当中,需要大量既熟悉人工智能又了解具体领域的复合型人才。2010年前后,人工智能在海量数据、机器学习和高计算能力的推动下悄然兴起,2015年随着图形处理器(GPU)的广泛应用和大数据技术的迅猛发展而进入爆炸式增长阶段,人才需求的激增导致人才供应的整体短缺。大量资金的投入,也造成了资金多项目少的情况,没有足够的人才来承接市场和政府投入的资源。而此前很多人工智能相关专业处于"冷门"状态，培养的人才数量有限。

目前的全球人工智能领军人才数量与质量均无法满足技术和产业发展的巨大需求。所以，不能仅把战略重点放在对全球存量人才的争夺上，要着手设计新的人才培养和人才发展计划。

3. 全球人工智能人才发展的新趋势

充足的高质量人才是人工智能深入发展的基础。从全球来看，人工智能人才培养和发展呈现一些新趋势。

——学科深度交叉融合。人工智能技术人才，主要包括机器学习（深度学习）、算法研究、芯片制造、图像识别、自然语言处理、语音识别、推荐系统、搜索引擎、机器人、无人驾驶等领域的专业技术人才，也包含智能医疗、智能安防、智能制造等应用人才。人工智能是一个综合性的研究领域，具有鲜明的学科融合特点。

从区域来看，多学科的生态系统对人才培养至关重要。伦敦之所以能够拥有大量优秀的人工智能人才，与"伦敦—牛津—剑桥"密集的高校群和学科群生态密切相关。"伦敦—牛津—剑桥"这一黄金三角具有密集的教育研

Part 1 我国在人工智能领域的弯道超车

究资源和深厚底蕴。该地区拥有以牛津大学、剑桥大学、帝国理工大学和伦敦大学学院为中心的全世界最好的人工智能相关学科群,形成了良好的多学科生态。以阿兰·图灵研究所为代表的众多智能研究机构在技术实力上处于全球领先地位,这些高校和研究机构源源不断地培育出全球稀缺的人工智能人才。

从高校内部来看,推动学科交叉是大势所趋。近日,人工智能研究领域的翘楚卡耐基梅隆大学(Carnegie Mellon University,CMU)宣布启动CMU AI计划,旨在整合校内所有人工智能研究资源,促进跨学院、跨学科的人工智能合作,从而更好地培养人工智能人才,开发人工智能产品。该计划通过解决现实问题来牵引跨学科合作,并把合作落到实处,值得借鉴。

——产学研深度融合。从研究内容和人才流动来看,科学家需要企业的数据和工程化能力,企业需要高校的研究人才,因此顶级人才得以在企业和高校间快速流动。谷歌等大公司聘请的高校优秀人才,大多还继续从事研究机构的工作。AlphaGo项目的负责人戴维·席尔瓦(David Silver),至今仍在伦敦大学学院任教,在赢得人机大战后他专门回到学校,为学生们复盘AlphaGo技术,使得高校的研究能够与实践应用同步。

从培养模式来看,企业捐助研究,学生到企业实习,高校与产业界可以

联合培养人才。脸谱公司与纽约大学合作建立了一个致力于数据科学的新中心,纽约大学的博士生可以申请在脸谱公司的人工智能实验室长期实习。

从成果转化来看,人工智能领域算法创业的特点是技术成果转化周期非常短,基础研究成果甚至可以直接转化为创业项目。几个人的团队通过技术展示,常常就能融资几千万美元。而伦敦原有的积累和储备恰恰契合了以算法和人才为核心的人工智能创新创业的基本特点与规律。英国一些著名的人工智能公司,在单独成立之前都是作为大学的研究项目而存在。随着明星企业的不断出现,越来越多与这几所高校有关的人工智能人才加入创业行列,加速推动了伦敦地区的人工智能创业繁荣。

——企业成为人工智能人才培养的新阵地。很多企业开始建立自己的人才培养体系。如百度成立深度学习研究院(IDL),在硅谷成立硅谷人工智能实验室等,由此不断产生技术创新,并吸引更多的国际尖端技术人才。百度还将推出"人工智能Star计划",通过资金、培训、市场、政策等措施扶持优秀的人工智能创业团队。

4. 我国人工智能高端人才的现状与挑战

从国家层面来看,人工智能人才的分布与教育基础、企业数量、投资情况等紧密相关。在总量方面,美国优势明显,而高端人才则集中于美国、德国和英国。美国之所以能聚集全球最多的人工智能人才,很大程度上得益于发达的科技产业和雄厚的科研实力。据各方统计,美国的人工智能企业数量占全球人工智能企业总量的40%多,其中谷歌、微软、亚马逊、脸谱、IBM和英特尔等企业,更是整个行业的引领者。同时,美国拥有包括卡耐基梅隆大学、斯坦福大学以及麻省理工学院等数十家有影响力的人工智能科研院所。随着美国人工智能的发展,全球科技创新中心硅谷所在的加州,有着金融、媒体产业优势的纽约以及拥有人才优势的波士顿都成了重要的人工智能中心。

Part 1　我国在人工智能领域的弯道超车

综合各方面研究报告，中国人工智能人才总量仅次于美国，但是高端人才较少，原创成果较少。中国人工智能人才主要集中在应用领域，而美国人工智能人才主要集中在基础领域和技术领域。美国在芯片、机器学习应用、自然语言处理、智能无人机、计算机视觉与图像等领域的相关人才都远远超过中国。

我国的人工智能科研已经形成了较好的产出和实力，但原创性和有影响力的成果较少。我国在中文信息处理、语音合成与识别、语义理解、生物特征识别等领域处于世界领先水平，国际科技论文发表量和专利居世界第二，部分领域核心关键技术取得突破。2017年年初，由美国人工智能协会（American Association for Artificial Intelligence）组织的人工智能国际顶级会议AAAI大会，中国和美国的投稿数量分别占31%和30%。据统计，在2013~2015年SCI收录的论文中，"深度学习"或"深度神经网络"的文章增长了约6倍，按照文章数量计算，美国已不再是世界第一；在增加"文章必须至少被引用过一次"条件后，中国在2014年和2015年都超过了美国。2017年的顶级人工智能会议NIPS（Neural Information Processing Systems，神经信息处理系统进展大会）录用文章600多篇，中国共入选20多篇，而美国只有10篇入选。

5. 我国人工智能人才的特点

——年轻生力军为主，资深人才短缺。据分析，中国人工智能人才在28岁至37岁年龄段的占总数的50%以上。相对而言，中国48岁及以上的资深人工智能人才占比较少，只有3.7%，而美国48岁以上的资深人才占比16.5%。这也是中国当前需要引进大量海外高端人才的原因。

——科技公司表现强劲。从国内来看，核心科技公司占据了大部分人才资源。相关数据显示，国内人工智能人才主要集中在百度、阿里巴巴、腾讯、科大讯飞等多家科技领军企业中。其他两类企业也吸纳了大量人才，一是不断涌现的人工智能创业公司，二是将人工智能融入自身业务的企业。跨国公司如微软亚洲研究院等，仍然是优秀人工智能人才的优先选项。

——高校仍有很大吸引力。尽管面临领军企业的人才争夺，国内高校对人工智能人才仍有很大的吸引力。数据显示，截至2016年年底，中国有10.7%的人工智能领域从业者曾在高校或研究所工作过，低于美国的26.7%。

6. 加快培养人工智能高端人才

培养和集聚人工智能高端人才，要根据人工智能发展规律和趋势，加强顶层设计，综合施策。

——科学建设人工智能一级学科。在美国、英国等人工智能发展高地，著名院校大多设有人工智能相关专业和研究方向，而在中国，人工智能专业多分散于计算机和自动化等学科。可以按智能科学范畴建设一级学科，保持弹性和包容性，灵活设置二级学科。适当增加人工智能相关专业招生名额，多渠道筹措培养经费，加强人工智能研究的基础设施建设。

——鼓励深度交叉学科研究与人才培养。在重点区域打造优良的学科生态系统。可以借鉴伦敦的相关经验，在北京、上海等高校和学科丰富的地区，打造智能学科群。培养造就一大批具有国际水平的战略科技人才、科技

Part 1　我国在人工智能领域的弯道超车

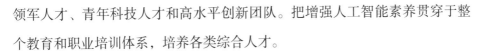

领军人才、青年科技人才和高水平创新团队。把增强人工智能素养贯穿于整个教育和职业培训体系，培养各类综合人才。

——推进产学研合作的新培养模式，发挥领军企业的人才培养作用。鼓励企业创办研究机构，与学校联合建设实验室，培养人才。针对中国研究机构散而小的问题，成立公私合作的国际化、实体性、规模化的非营利性研究机构。鼓励研究人员在高校和企业之间流动。鼓励创业创新，促进人工智能成果转化和产业化。

鼓励精准引进一流人才，鼓励企业和高校院所联合引进人才。引导国内创新人才、团队加强与全球顶尖人工智能研究机构的合作互动。积极引进国际一流的研究机构，加大研究合作的国际化水平。制定专门政策，实现人工智能高端人才精准引进，支持企业和高校联合引进世界一流领军人才。重点引进神经认知、机器学习、自动驾驶、智能机器人等国际顶尖科学家和高水平创新团队。

——抢抓新一轮海归人才潮机遇。大量美国、英国和日本的海归成为中国人工智能的重要力量。当前，我国人工智能发展势头强劲、市场广阔、资金充沛，要积极吸引海外相关人才回国创新创业，共同推动中国人工智能技术取得突破性进展。

Part 2
快速发展的人工智能

在未来,人工智能会开启并连接一切。智能化技术让交通变成了智能交通,医疗变成了智能医疗,同时也推动智能农业、智能城市等出现。

第一节　何为人工智能

人工智能是计算机科学的一个分支，它企图了解智能的实质，并生产出一种新的能以人类智能相似的方式做出反应的智能机器，该领域的研究包括机器人、语言识别、图像识别、自然语言处理和专家系统等。人工智能从诞生以来，理论和技术日益成熟，应用领域也不断扩大，可以设想，未来人工智能带来的科技产品，将会是人类智慧的"容器"。

人工智能可以对人的意识、思维的信息过程进行模拟。人工智能不是人的智能，但能像人那样思考，也可能超过人的智能。

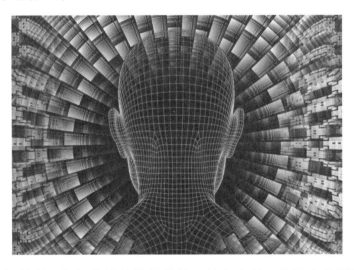

人工智能是一门极富挑战性的科学，从事这项工作的人必须懂得计算机、心理学和哲学知识。人工智能是包括十分广泛的科学，它由不同的领域组成，如机器学习、计算机视觉等。总的说来，人工智能研究的一个主要目标是使机器能够胜任一些通常需要人类智能才能完成的复杂工作。但不同的时代、不同的人对这种"复杂工作"的理解是不同的。

人工智能的定义可以分为两部分,即"人工"和"智能"。"人工"比较好理解,争议性也不大。有时我们会要考虑什么是人力所能及的,或者人自身的智能程度有没有高到可以创造人工智能的地步,等等。但总的来说,"人工系统"就是通常意义下的人工系统。

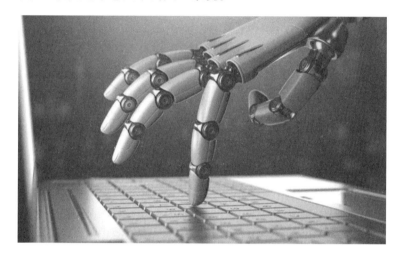

关于什么是"智能",问题就多多了,这涉及其他诸如意识、自我、思维(包括无意识的思维)等问题。人唯一了解的智能是人本身的智能,这是普遍认同的观点。但是我们对自身智能的理解都非常有限,对构成人的智能的必要元素也了解有限,所以就很难定义什么是"人工"制造的"智能"了,因此人工智能的研究往往涉及对人的智能本身的研究。其他关于动物或其他人造系统的智能也普遍被认为是人工智能相关的研究课题。

人工智能在计算机领域内得到了愈加广泛的重视,并在机器人、经济政治决策、控制系统、仿真系统中得到应用。

美国斯坦福大学人工智能研究中心尼尔逊教授对人工智能下了这样一个定义:"人工智能是关于知识的学科——怎样表示知识以及怎样获得知识并使用知识的科学。"而美国麻省理工学院的温斯顿教授则认为:"人工智能就是研究如何使计算机去做过去只有人才能做的智能工作。"这些说法反映了人工智能学科的基本思想和基本内容。即人工智能是研究人类智能活动的规律，构造具有一定智能的人工系统，研究如何让计算机去完成以往需要人的智力才能胜任的工作，也就是研究如何应用计算机的软硬件来模拟人类某些智能行为的基本理论、方法和技术。

人工智能是计算机学科的一个分支，20世纪70年代以来被称为世界三大尖端技术之一（空间技术、能源技术、人工智能），也被认为是21世纪三大尖端技术（基因工程、纳米科学、人工智能）之一。这是因为近30年来它获得了迅速的发展，在很多学科领域都获得了广泛应用，并取得了丰硕的成果。人工智能已逐步成为一个独立的分支，无论在理论和实践上都已自成一个系统。

人工智能是研究使计算机来模拟人的某些思维过程和智能行为（如学习、推理、思考、规划等）的学科，主要包括计算机实现智能的原理、制造类似于人脑智能的计算机，使计算机能实现更高层次的应用。人工智能将涉及计算机科学、心理学、哲学和语言学等学科，可以说几乎是自然科学和社会科学的所有学科，其范围已远远超出了计算机科学的范畴。人工智能与思维科学的关系是实践和理论的关系，人工智能是处于思维科学的技术应用层次，是它的一个应用分支。从思维观点看，人工智能不仅限于逻辑思维，要考虑形象思维、灵感思维，才能促进人工智能的突破性的发展。数学常被认为是多种学科的基础科学，数学也进入语言、思维领域，人工智能学科也必须借用数学工具，数学不仅在标准逻辑、模糊数学等范围发挥作用，数学进入人工智能学科，它们将互相促进而更快地发展，例如繁重的科学和工程计算本来是要人脑来承担的，如今计算机不但能完成这种计算，而且能够比人脑做得更快、更准确，因此当代人已不再把这种计算看作是"需要人类智能才能完成的复杂任务"，可见复杂工作的定义是随着时代的发展和技术的进步而变化的，人工智能这门科学的具体目标也自然随着时代的变化而发展。它一方面不断获得新的进展,另一方面又转向更有意义、更加困难的目标。

通常,"机器学习"的数学基础是"统计学""信息论"和"控制论",还包括其他非数学学科。这类"机器学习"对"经验"的依赖性很强。计算机需要不断从解决一类问题的经验中获取知识,学习策略,在遇到类似的问题时,运用经验知识解决问题并积累新的经验,就像普通人一样。我们可以将这样的学习方式称为"连续型学习"。但人类除了会从经验中学习,还会创造,即"跳跃型学习"。这在某些情形下被称为"灵感"或"顿悟"。一直以来,计算机最难学会的就是"顿悟"。或者再严格一些来说,计算机在学习和"实践"方面难以学会"不依赖于量变的质变",很难从一种"质"直接到另一种"质",或者从一个"概念"直接到另一个"概念"。正因为如此,这里的"实践"并非同人类一样的实践,人类的实践过程同时包括经验和创造。这是智能化研究者梦寐以求的东西。

赵春林拜访徐平将军并向其请教军事管理思想

2013年,帝金数据普数中心数据研究员S.C WANG开发了一种新的数据分析方法,该方法导出了研究函数性质的新方法。作者发现,新数据分析方法给计算机学会"创造"提供了一种方法。本质上,这种方法为人的"创造力"的模式化提供了一种相当有效的途径。这种途径是数学赋予的,是普通人无法拥有但计算机可以拥有的"能力"。从此,计算机不仅精于算,还会因精于算而精于创造。计算机学家们应该斩钉截铁地剥夺"精于创造"的计算机过于全面的操作能力,否则计算机真的有一天会"反捕"人类。

当回头审视新方法的推演过程和数学的时候,作者拓展了对思维和数学的认识。数学简洁、清晰,可靠性、模式化强。在数学的发展史上,处处闪耀着数学大师们创造力的光辉。这些创造力以各种数学定理或结论的方式呈现出来,而数学定理最大的特点就是建立在一些基本的概念和公理上,以模式化的语言方式表达出来的包含丰富信息的逻辑结构。应该说,数学是最单纯、最直白地反映着创造力模式的学科。

第二节 人工智能的起源和三次发展浪潮

讲到人工智能,我们首先要追本溯源,看一下人工智能是怎么起源的。"人工智能"这一名词的诞生并不是很久,由四位图灵奖得主、信息论创始人和一位诺贝尔奖得主,于1956年在美国达特茅斯会议上,一起将人工智能的名词定义出来。

应该说人工智能发展的这60年,起起伏伏,经历了三次浪潮。自从达特茅斯会议以后,人们陆续发明了第一款感知神经网络软件和聊天软件,证明了数学定理,那个时候大家都惊呼"人工智能来了,再过十年机器要超越人类了"。不过,很快到了20世纪70年代后期,人们发现过去的理论和模型只能解决一些非常简单的问题,很快人工智能进入了第一次"冬天"。

Part 2　快速发展的人工智能

随着1982年Hopfield神经网络和BT训练算法的提出,大家发现人工智能的"春天"又来了。20世纪80年代又兴起一拨人工智能的热潮,包括语音识别、语音翻译计划,以及日本提出的第五代计算机。不过,到了20世纪90年代后期,人们发现这种东西离我们的实际生活还很遥远。大家都有印象,IBM在20世纪90年代的时候推出了一款语音听写的软件叫IBM Viavoice,在演示当中效果不错,但是真正用的时候却很难使用。因此,在2000年左右第二次人工智能的浪潮又破灭了。接下来是第三次人工智能的浪潮,随着2006年Hinton提出的深度学习的技术,以及在图像、语音识别以及其他领域内取得的一些成功,大家认为经过了两次起伏,人工智能开始进入了真正爆发的前夜。

1. 工业界人工智能成功过的三大法宝

人工智能在第三次最近十年浪潮中,工业界取得了一些进步的成果。首先是深度神经网络,其模型与算法和传统的方法有着本质的不同,虽然它与我们人类的神经网络相比,还有很多不足,但是确实在架构和描述方面有其强大之处。其次是大数据。随着移动互联网的迅猛发展,数据每天都是以指数级增加,通过手机和微信等,人们可以随时随地把视觉、听觉上的这些数据轻松地传到网上,汇聚起来形成大数据。最后,涟漪效应。随着移动互联网的发展,各种软件、各种设备接触用户的门槛极大地降低了。例如,当一款新的APP找到第一批用户时,他们使用的行为和记录就被后台记

赵春林在毛泽东家乡农田插秧苗

录下来了,开发者再对这种行为和记录进行迭代的改进,当再把APP投向第二批用户的时候,软件行为已经比第一代提升了,这就是涟漪效应。随着迭代的波浪越来越大的时候,软件会变得更加好用、更加智能。

2. 涟漪效应推动语音辨识与图片识别发展

语音识别实用化得益于"涟漪效应"。讯飞的语音识别2010年推出的时候,坦白说它的识别率只有60%左右水平,刚开始大家都觉得很难用,但是有一批尝鲜的用户。随着技术的更新以及数据持续的迭代,如今讯飞语音识别率已经达到了95%以上的水平,达到完全实用的状态。图片识别也同样如此,在ImageNet图像识别任务中,2012年的时候错误率高达26.2%,但是到2015年年底已经降到了3.57%,基本上可以说这个技术使得我们只要通过一个摄像头,就能将家中的各种物体很轻易地分辨出来。

除此以外,随着这两年深度学习的热潮越来越大,各行各业中各种应用都扑面而来。最近最有影响力的当属谷歌机器人AlphaGO在2016年3月4∶1战胜围棋世界冠军李世石、2017年5月3∶0战胜中国围棋职业九段棋手柯洁。AlphaGO也是利用深度学习模型,对局势做了评估,并收藏了3000万盘棋谱的特性,最后形成综合方案,从而在围棋这一规则相对比较固定的项目上,达到人类最顶尖的水平。回顾了这么多人工智能的进展和浪潮,回过头想一下,我们所做的人工智能还是从1到N这样的事情,即"弱人工智能"。

3. 语音和语言为入口的认知革命

那什么是"强人工智能"?实际上,计算机什么时候能够自动从互联网上无监督地汲取知识,进行学习甚至是思维,才可以称为"强人工智能"。如果我们想要做"强人工智能"的突破,可以从哪些地方得到启示?人类从200万年前发展到如今经历了农业革命、工业革命、信息革命,但实际上在此之前还有一次很关键的革命——认知革命。大约7万年以前,有一种人发生了突破性的变化，使得整个进化和迭代的周期加快，产生认知革命的原因就是7万年以前的这些人突然会说话了，发明了语言。语言的广泛使用，可以表达非常复杂的信息；有了语言以后就可以反馈社会的信息，可以组织和形成更有凝聚力、更大的团体；语言可以传递一些虚构的或者是抽象的概念，有了这样的概念，大量的陌生人就可以进行合作和创新，这就是语言的重要性。

反过头来，如果机器想要从"弱人工智能"变成"强人工智能"，怎么办？我们也需要一场认知革命，因为大量的知识和技能都被记载在人类的语言、文字、知识库、网络和各种说明书中。人工智能想要突破，实现更彻底的进化，也需要认知革命，把这些知识学习起来。

4. 突破人工智能认知技能发展

如今业界基本上将人工智能分成三个阶段：计算智能、感知智能和认知智能，计算智能就是计算机与人类比存储、比记忆，在此方面已经远远超过人类了。不过，在感知智能层面，计算机在语音识别、图像识别的方面，还是很欠缺的。当我们耳朵去听一些话的时候，除了听，脑海中在运算，理解话中的意思，同时我们的认知技能也在发展，反过来又能推动像语音识别基础任务的进步提升。

IT产业从20世纪60年代到现在经历了五次浪潮，我们已经进入了万物互联的时代，在无屏、移动、远场状态下，以语音为主，键盘、触摸等为辅的人机交互时代正在到来。

5. 用人工智能一起来改变世界

麦肯锡研究报告显示，现在45%的活动可以当前技术实现自动化，不仅低薪工作甚至高薪工作中相当一部分的日常活动也会被自动化。或许再过三五年，可能真的很多行业都可以通过人工智能技术进行一次升级。日本软银公司总裁孙正义定义了复活方程式，即"生产性×劳动人口=竞争力"。

众所周知,中国经过30多年的计划生育,劳动人口呈现下降的趋势,那未来怎么办?如果想保住竞争力,其实要让更多的机器参与进来,来提高我们的生产总量。"未来的产业机器人将决定GDP的全球排名",这绝不是一句空话。

第三节 深蓝:人工智能的惊艳亮相

1996年2月10日至17日,在美国费城举行了一项别开生面的国际象棋比赛,报名参加比赛者包括了"深蓝"计算机和当时世界棋王加里·卡斯帕罗夫。

已经退役多年的卡斯帕罗夫可谓是国际象棋棋坛神话,自1985年成为世界冠军以来,12年间,他在国际象棋领域里的地位一直未受到严峻挑战,在1985年至2006年间曾23次获得世界排名第一,曾11次获得国际象棋奥斯卡奖,被认为是有史以来最强的棋手之一。

1996年2月17日,比赛最后一天,世界棋王卡斯帕罗夫对垒"深蓝"计算机。在这场人机对弈的6局比赛中,棋王卡斯帕罗夫以4∶2战胜计算机"深蓝",获得40万美元高额奖金。人胜计算机,首次国际象棋人机大战落下帷幕。

这次人机比赛是为了纪念首台电脑计算机诞生50周年而举办的。比赛时,面对棋王卡斯帕罗夫而坐的是并不是计算机,而是"深蓝"研制小组的代表许峰雄。

但棋王并没有笑到最后。1997年5月11日,卡斯帕罗夫与"深蓝"的六局对抗赛降下帷幕。在前五局以2.5∶2.5打平的情况下,他的助手看见他坐在房间的角落里,双手捂面,第三、第四、第五局三场和局拖垮了卡斯帕罗夫的斗志,卡斯帕罗夫在第六盘决胜局中仅走了19步就向"深蓝"拱手称臣。整场比赛进行了不到一个小时。"深蓝"赢得了这场具有特殊意义的对抗。

在前五局里,卡斯帕罗夫一直采取专门设计的战略来对付"深蓝",为了避开与计算力强大的"深蓝"直接角力,他选择了怪异的开局,尽量避免棋子的接触,这种下法让所有的专家们大吃一惊。然而,这并没有取得明显的效果。不管对手使用什么招法,"深蓝"总是默默地、迅速地走出最强的应手。在最后一局中，卡斯帕罗夫显然丧失了耐心，他第一次采取了"正常"的下法。最初的几步棋让观看的棋迷们欢欣鼓舞，以为强大的卡斯帕罗夫恢复了他的本来面目。但很快欢欣就成了沮丧。第六回合，卡斯帕罗夫犯了一个不可挽回的低级错误，局势急转直下，很快卡斯帕罗夫就已毫无希望。在挣扎了几步之后，他放弃了抵抗，草草签了"城下之盟"。

1988年，"深蓝"的上一代"深思"是第一个赢过国际象棋特级大师的电脑；1996年，"深蓝"成了第一个赢了国际象棋世界冠军的电脑；现在，它又成为第一个在多局赛中战胜国际象棋世界冠军的电脑。卡斯帕罗夫曾经说过，电脑要想战胜世界冠军，得等到2010年，"深蓝"把这个日子提前了13年。

"深蓝"重量达1.4吨，有32个节点，每个节点有8块专门为进行国际象棋对弈设计的处理器，平均运算速度为每秒200万步。总计256块处理器集成在IBM研制的RS6000／SP并行计算系统中，从而拥有每秒超过2亿步的惊人速度。它不会疲倦，不会有心理上的起伏，也不会受到对手的干扰。它的缺陷是没有直觉，不能进行真正的思考。但是比赛过程表明，"深蓝"无穷无尽的计算能力在很大程度上弥补了这些缺陷，这也反过来让人们思考，什么是思维的本质？思维是神秘莫测的吗？"深蓝"与卡斯帕罗夫的对抗在什么程度上对这一问题有所启发？

IBM研制小组向"深蓝"输入了100年来所有国际特级大师开局和残局的下法，自1996年在6局对抗赛中以2：4败给卡斯帕罗夫之后，"深蓝"的运算速度又提高了一倍，美国特级大师本杰明加盟"深蓝"小组，将他对象棋的理解编成程序教给"深蓝"。比赛结束后，"深蓝"小组公布了一个秘密，每场对局结束后，小组都会根据卡斯帕罗夫的情况相应地修改特定的参数，"深蓝"虽不会思考，但这些工作实际上起到了强迫它学习的"作用"，这也是卡斯帕罗夫始终无法找到一个对付"深蓝"的有效办法的主要原因。

"深蓝"的胜利,标志着电脑技术又上了一个新台阶,我们从此将不得不认真地思考人与电脑的关系。据说,卡斯帕罗夫在输掉第二局之后,曾经彻夜难眠。此时,不只是卡斯帕罗夫,我们大家都要学会接受电脑在某些方面已足以与人较量的现实。

我们想要的不是智能,而是人工智能。人工智能的出现并未让人类的国际象棋棋手的水平下降。恰恰相反,它可以帮我们分析局面和统计资料。现在排名第一的国际象棋棋手卡尔森就曾接受人工智能的训练。人工智能的发展,大大地推动了社会的前进,深化了人们对认识论问题的研究。人与计算机相比,一般来说,人脑具有处理模糊信息的能力,善于判断和处理模糊现象。但计算机对模糊现象识别能力较差,为了提高计算机识别模糊现象的能力,就需要把人们常用的模糊语言设计成机器能接受的指令和程序,以便机器能像人脑那样简洁灵活地做出相应的判断,从而提高自动识别和控制模糊现象的效率,最终会变得愈发聪明,它在任何一次情况中所获悉的改进点都会增强。

第四节　沃森：挑战人类智能的极限

超级电脑"沃森"（Watson）由IBM公司和美国德克萨斯大学历时4年联合打造，电脑存储了海量的数据，而且拥有一套逻辑推理程序，可以推理出它认为最正确的答案。"沃森"是为了纪念IBM创始人Thomas J. Watson而取的。IBM开发"沃森"旨在完成一项艰巨挑战：建造一个能与人类回答问题能力匹敌的计算系统。这要求其具有足够的速度、精确度和置信度，并且能使用人类的自然语言回答问题。这一系统没有连接至互联网，因此不会通过网络进行搜索，仅靠内存资料库作答。

"沃森"由90台IBM服务器、360个计算机芯片驱动组成，是一个有10台普通冰箱那么大的计算机系统。它拥有15TB内存、2880个处理器、每秒可进行80万亿次运算。这些服务器采用Linux操作系统。IBM为"沃森"配置的处理器是Power 7系列处理器，这是当时RISC（精简指令集计算机）架构中最强的处理器。它采用45nm工艺打造，拥有8个核心、32个线程，主频最高可达4.1GHz，其二级缓存更是达到了32MB，存储了大量图书、新闻和电影剧本等数百万份资料。每当读完问题的提示后，'沃森'就在不到3秒钟的时间里对自己的数据库"挖地三尺"，在长达2亿页的漫漫资料里展开搜索。

"沃森"是基于IBM"DeepQA"（深度开放域问答系统工程）技术开发的。作为"沃森"超级电脑基础的DeepQA技术可以读取数百万页文本数据，利用深度自然语言处理技术产生候选答案，根据诸多不同尺度评估那些问题。IBM研发团队为"沃森"开发的100多套算法可以在3秒内解析问题，检索数百万条信息然后再筛选还原成"答案"输出成人类语言。每一种算法都有其专门的功能，其中一种算法被称为"嵌套分解"算法，它可以将线索分解成两个不同的搜索功能。

1. 研发背景

1997年，IBM研发的计算机"深蓝"战胜了国际象棋冠军卡斯帕罗夫；2011年，这家公司以创始人Thomas J. Watson名字命名的计算机，继续着对人类智能极限的挑战。

在20世纪60年代人工智能的技术研发停滞不前数年后，科学家便发现如果以模拟人脑来定义人工智能那将走入一条死胡同。"通过机器的学习、大规模数据库、复杂的传感器和巧妙的算法，来完成分散的任务"成为人工智能的新定义，这早已经取代了曾经甚嚣尘上的"重建大脑"。

按照这个定义，"沃森"在人工智能上被认为又迈出了一步。"深蓝只是在做非常大规模的计算，它是人类数学能力的体现。"IBM中国研究院资深经理潘越说，他同时参与"沃森"项目，负责提供数据支持。"当涉及机器学习、大规模并行计算、语义处理等领域，'沃森'了不起的地方在于把这些技术整合在一个体系架构下来理解人类的自然语言。"

2. 发展方向

此前，基于"深蓝"研发的AIX操作系统让IBM在商业运用与政府部门中取得了大量的订单，IBM也希望可以将"沃森"的DeepQA系统运用于医疗服务、咨询等领域之中。

"'沃森'的优势是给出准确与可靠的答案，因此可以为医生提供更适合病人的解决方案。"潘越称，"在医疗领域的应用将是'沃森'商用最主要的领域。"之所以选择医疗领域，是因为这里具有良好的档案储存制度，积累了大量的医学数据、病例档案，并进行了科学的分类。这些大量的可搜索数据，是"沃森"发挥作用的重要前提。

"沃森"在医疗行业找到了自己的第一份工作。根据IBM和医疗保险公司Wellpoint的协议,从2012年年初开始,"沃森"将帮助护士们管理复杂的病例和来自医疗服务提供商的请求;然后,Wellpoint会开发出一套面向医生的技术,使得医生可以通过自己的手机和平板电脑,了解肿瘤患者的身体状况。

不同地区医疗水平的巨大差异,也使得"沃森"拥有广泛的应用前景。"一些偏远地区的小医院也可以通过云端访问全国的医疗数据库,享受到'沃森'带来的服务。"

"沃森"项目如果想在医疗行业推行的话,还需要面临法律层面的问题,IBM一位研究员称,如果"沃森"诊断出错,而医生又听从了错误的诊断,那么"沃森"就会面临被患者告上法庭的危险,这对IBM而言是一个正在考虑的应用问题。

对于IBM来说,"沃森"未来不仅要继续挑战人类智能的极限,还要帮助这家公司去同亚马逊、谷歌、微软们竞争,争夺未来科技制高点的主导权。

美国哥伦比亚大学医疗中心和马里兰大学医学院已与IBM公司签订合同,两所大学的医疗人员将利用"沃森"更快、更准确地诊病、治病。它的海量信息库中存有许多发表在期刊上的专业论文,可以让医生利用最新科研成果治疗病人。

想要让"沃森"真正成为医生的得力助手,还需要对它进行改进。医生需要的不只是一个答案。而且有时病人提供的信息不准确或相互矛盾,这就需要医生利用丰富的经验进行判断。IBM研发小组接下来的挑战是,让"沃森"多提供一些假设情况,研发小组至少还需要两年才能完成这一任务。

3. 在美国智力竞猜节目中击败人类

2011年2月17日,人机大战最终成绩出炉:电脑"沃森"狂胜人类。由IBM和美国得克萨斯大学联合研制的超级电脑"沃森"在美国最受欢迎的智力竞猜电视节目《危险边缘》中击败该节目历史上两位最成功的选手肯·詹宁斯(Ken Jennings)和布拉德·鲁特(Brad Rutter),成为《危险边缘》节目新的王者。

在第三天的比赛中,IBM的超级电脑"沃森"获得了41413美元的分数,而两位人类选手肯·詹宁斯和布拉德·鲁特分别仅获得了19200美元和11200美元。

将三个比赛日的成绩相加即可得出最后的总成绩,"沃森"也是大幅领先于人类,最终成绩上,沃森达到了77147美元,肯·詹宁斯排名第二,但只获得了24000美元，而布拉德·鲁特获得了21600美元，排名第三。

在第三比赛日的比赛中，"沃森"一路领先，以至于在进入最终的Final Jeopardy环节前，人类选手超过"沃森"的概率已经几乎不存在了。

在Final Jeopardy中，排名第二的肯·詹宁斯已经放弃追赶"沃森"，而选择保住第二的位子，因此他仅赌了1000美元，排名第三的布拉德·鲁特则放手一搏，压上了他所能赌的最大赌注——5600美元，而"沃森"再一次暴露了它是非人类的本质，赌了17973美元，这和人类正常赌的整数大相径庭。

4. 无法分辨不当词汇频爆脏话

虽然"沃森"非常贪婪地接收了人们为它提供的所有知识，但是布朗发现，这个微型机"学生"很难理解人类交流中的微妙含义。它开始向人类研究人员频频爆出粗口的回应后，他们决定终止教授"沃森"俚语的尝试。

布朗的科研组必须从"沃森"硬驱里删除《城市字典》的内容，并研制一款语言过滤器，以防它再次爆粗口。这次失败的试验似乎支持了美国分析哲学家约翰·塞尔提出的虽然"沃森"具有惊人能力，但事实上它不会思考的观点。根据他的"中文屋"思想实验，塞尔认为"沃森"与其他电脑一样，它只能处理文字符号，并不能真正理解它们的含义。

第五节　阿尔法狗：人工智能的集大成者

阿尔法狗（AlphaGo）是一款围棋人工智能程序，由谷歌旗下DeepMind公司的戴密斯·哈萨比斯（Demis Hassabis）、大卫·席尔瓦（David Silva）、黄士杰与他们的团队开发，其主要工作原理是"深度学习"。

Part 2 快速发展的人工智能

2016年3月,该程序与围棋世界冠军、职业九段选手李世石进行人机大战,并以4∶1的总比分获胜;2016年年末2017年年初,该程序在中国棋类网站上以"大师"(Master)为注册名与中日韩数十位围棋高手进行快棋对决,连续60局无一败绩。不少职业围棋手认为,阿尔法狗的棋力已经达到甚至超过围棋职业九段水平,在世界职业围棋排名中,其等级分曾经超过排名人类第一的棋手柯洁。

2017年1月,谷歌Deep Mind公司CEO哈萨比斯在德国慕尼黑DLD(数字、生活、设计)创新大会上宣布推出真正2.0版本的阿尔法狗。其特点是摈弃了人类棋谱,只靠深度学习的方式成长起来挑战围棋的极限。

阿尔法狗的主要工作原理是"深度学习"。"深度学习"是指多层的人工神经网络和训练它的方法。一层神经网络会把大量矩阵数字作为输入,通过非线性激活方法取权重,再产生另一个数据集合作为输出。这就像生物神经大脑的工作机理一样,通过合适的矩阵数量,多层组织链接一起,形成神经网络"大脑"进行精准复杂的处理,就像人们识别物体标注图片一样。

阿尔法狗用到了很多新技术,如神经网络、深度学习、蒙特卡洛树搜索法等,使其实力有了实质性飞跃。美国脸谱公司"黑暗森林"围棋软件的开发者田渊栋在网上发表分析文章说:"阿尔法狗这个系统主要由几个部分组成：一、走棋网络（Policy Network），给定当前局面，预测/采样下一步的走棋；二、快速走子（Fast Rollout），目标和走棋网络一样，但在适当牺牲走棋质量的条件下，速度要比走棋网络快1000倍；三、估值网络（Value Network），给定当前局面，估计是白胜还是黑胜；四、蒙特卡洛树搜索（Monte Carlo Tree Search），把以上这三个部分连起来，形成一个完整的系统。"

阿尔法狗是通过两个不同神经网络"大脑"合作来改进下棋。这些大脑是多层神经网络跟那些Google图片搜索引擎识别图片在结构上是相似的。它们从多层启发式二维过滤器开始，去处理围棋棋盘的定位，就像图片分类器网络处理图片一样。经过过滤，13个完全连接的神经网络层产生对它们看到的局面判断。这些层能够做分类和逻辑推理。

这些网络通过反复训练来检查结果，再去校对调整参数，去让下次执行更好。这个处理器有大量的随机性元素，所以人们是不可能精确知道网络是如何"思考"的，但更多的训练后能让它进化到更好。

第一大脑：落子选择器（Move Picker）。阿尔法狗的第一个神经网络大脑是"监督学习的策略网络（Policy Network）"，观察棋盘布局企图找到最佳的下一步。事实上，它预测每一个合法下一步的最佳概率，那么最前面猜测的就是那个概率最高的，这可以理解成"落子选择器"。

第二大脑：棋局评估器（Position Evaluator）。阿尔法狗的第二个大脑相对于落子选择器是回答另一个问题，不是去猜测具体下一步，它预测每一个棋手赢棋的可能，再给定棋子位置情况下。这"局面评估器"就是"价值网络（Value Network）"，通过整体局面判断来辅助落子选择器。这个判断仅仅是大概的，但对于阅读速度提高很有帮助。通过分类潜在的未来局面的"好"与"坏"，阿尔法狗能够决定是否通过特殊变种去深入阅读。如果局面评估器说这个特殊变种不行，那么AI就跳过阅读。

Part 2　快速发展的人工智能

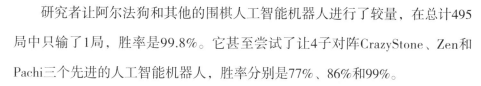

研究者让阿尔法狗和其他的围棋人工智能机器人进行了较量，在总计495局中只输了1局，胜率是99.8%。它甚至尝试了让4子对阵CrazyStone、Zen和Pachi三个先进的人工智能机器人，胜率分别是77%、86%和99%。

2016年1月27日，阿尔法狗在没有任何让子的情况下，以5∶0完胜欧洲围棋冠军、职业二段选手樊麾，在围棋人工智能领域，实现了一次史无前例的突破。计算机程序能在不让子的情况下，在完整的围棋竞技中击败专业选手，这是第一次。

2016年3月9日到15日，阿尔法围棋程序挑战围棋世界冠军李世石的围棋人机大战五番棋在韩国首尔举行。比赛采用中国围棋规则，奖金是由Google提供的100万美元。最终阿尔法围棋以4∶1的总比分取得了胜利。

2016年12月29日晚起到2017年1月4日晚，阿尔法狗在弈城围棋网和野狐围棋网以"大师"（Master）为注册名，依次对战数十位人类顶尖高手，取得60胜0负的辉煌战绩。

2016年7月18日，世界职业围棋排名网站GoRatings公布最新世界排名，阿尔法狗以3612分，超越3608分的柯洁成为新的世界第一。

第六节 人工智能时代已经来临

想象一下未来的生活：当你睁开眼睛的那一刻，就已经生活在一个人工智能充斥的环境中，你的家本身是一个综合性超级智能机器人，智能卫浴会为你调节洗浴水温，智能厨房会为你烹饪早点，出门上班时，无人驾驶汽车会自动来接你，走进办公室，智能桌子会立刻为你打开邮箱和一天的工作日程表……

这一切已经不再被认为是科幻小说中的场景，很可能不久就会成为现实。2015年12月，瑞典爱立信公司对40个国家的10万名消费者进行了调查，其中一半的人认为5年内智能手机即将成为历史，替代智能手机的将是人工智能，后者将使人们无需智能手机屏幕即可与物体互动。

在未来，人工智能会开启并连接一切。智能化技术让交通变成了智能交通，医疗变成了智能医疗，同时也推动智能农业、智能城市等出现。安卓的创始人安迪·鲁宾（Andy Rubin）曾说，下一个计算大浪潮将出现在人工智能领域，机器人和自动化技术将进入人们的生活。于是，我们看到互联网巨擘和资本大鳄纷纷进入这个领域。谷歌、IBM、亚马逊、百度、腾讯、阿里巴巴都已经注资抢占先机，随后苹果、特斯拉也来了。2015年10月初，苹果公司在4天时间里收购了两家人工智能公司Voca IIQ和Perceptio，前者有助于苹果改进虚拟语音助手Siri，有望进一步推进苹果的汽车项目，后者有助于开发智能手机端的智能图像分类系统。

2015年12月，SpaceX和特斯拉的创始人埃隆·马斯克（Elon Musk）创建了一家名为OpenAI的非营利人工智能初创机构，目标是推动数字智能的发展，造福整个人类。公司的豪华团队吸引了业界的注意，包括著名的创业公司孵化器Y Combinator总裁山姆·奥特曼（Sam Altman）以及联合创始人杰西卡·利文斯顿（Jessica Livingston）、职业社交网站领英（Linkedin）联合创始人里德·霍夫曼（Reid Hoffman）、著名风险投资家彼得·蒂尔（Peter Thiel）以及亚马逊等科技巨头的投资部门。这样一群大佬组团，以至于OpenAI还没正式开张便已经拿到了超过10亿美元的投资承诺。

除了互联网巨擘，小规模的创业团队甚至计算机领域之外的企业也开始争先恐后地制造一系列和人工智能沾边的产品。有报告显示，2015年以企业为主的人工智能系统市场价值接近2亿美元，到2020年将达20亿美元以上，5年之间成长倍数高达10倍。

从目前人工智能的热度来看，安迪·鲁宾一语中的。在专家眼中，人工智能将成为IT领域一场重要的技术革命，目前市场关心的IT和互联网领域的一些主题和热点，比如智能硬件、O2O、机器人、无人机、无人车、工业4.0等，其发展突破的关键环节都是人工智能。人工智能有望成为未来10年乃至更长时间内IT产业发展的焦点。

创新工场董事长兼首席执行官李开复是这样介绍人工智能的：你们每天都在使用人工智能了，每一次搜索引擎的结果，都是人工智能推算出来的。它会根据你们的每一次点击，来决定下一次在你面前呈现的画面；你们每一次的择偶，它会更知道你喜欢谁，媒婆都要失业了。这就是大数据和人工智能的力量。

过去两年，李开复所有的投资都是机器人管理，因为机器人可以分析所有的股票走势，它每天读新闻，读财报，然后来判断今天最该买最该卖的股票是哪一只。

李开复得过癌症，他当时用的药，很多医生都不知道它的存在，因为医疗进步很快，不是每个医生都能每天去读各种学术期刊论文，来学最新的治疗方式。所以未来将把人工智能做成医疗助手,它可以更好地帮助医生做判断和诊断。

一辆车96%的时间都是停着的。如果有一个无所不在的滴滴,当你需要出门时,一辆小车就开来了,你还有必要买车吗?这就是共享经济的无人驾驶技术。

他认为未来10年,人类50%的工作都会被人工智能取代,比如说交易员、助理、秘书、中介,这些事情,它都会比人做得更好。

以后都失业了,谁会取代你的工作呢?就是人工智能。

看完李开复的话,你可能不相信。我常想起马云说的那句话,面对新的机遇,很多人都经历过四个阶段:看不见,看不起,看不懂,来不及。

百度创始人、董事长兼CEO李彦宏也是人工智能的大力倡导者。2016年9月8日,李彦宏在剑桥大学"剑桥名家讲堂"与现场数百名学生共同分享了多年来他对互联网发展、技术创新、人工智能等话题的所思所想。

演讲伊始李彦宏称,牛顿、达尔文、霍金以及徐志摩都是对他产生了非常深远影响的"剑桥人",而对他启发最大的,则是人工智能之父——艾伦·图灵(Alan Turing)。

李彦宏指出,中国互联网的发展正在开启下一幕——人工智能互联网时代,"这不是一个新概念,早在60年前就已经有人创造了"人工智能"这个词,但是直到过去10年,我们才意识到人工智能的重要性"。在李彦宏眼里,随着计算能力越来越便宜、越来越强大,人工智能时代正呼啸而来。现场,李彦宏还以百度大脑为例展示了人工智能图像识别、语音识别、自然语言理解和用户画像等能力的落地前景。

最后,李彦宏还强调了各行各业与人工智能相结合的无限可能:"在技术时代,每个人都会受影响,不仅是IT公司,从制造业到金融,从旅游到物流等行业都将会面临转型和颠覆。我认为只要你做好准备,就能利用这些技术来提升自己的竞争力。"

以下为李彦宏在"剑桥名家讲堂"的演讲实录,在这里和读者朋友们分享一下,我想对大家更深入地了解人工智能会很有帮助:

很荣幸能够来到剑桥和大家交流,我很激动。我也看到这里今天高朋满座。

不过我来到这里不仅仅是来做一个演讲,我是来寻找灵感和启发的,就像艾萨克·牛顿、查尔斯·达尔文和斯蒂芬·霍金这些伟人对我的启发一样。当然还有徐志摩,"轻轻的我走了,就像我轻轻的来"。他的诗句广为流传,无论是在这里还是国内都为人熟知,我们都记得他在剑桥写下的诗篇。不过这并不是今天的重点。重要的是,对我而言最具启发性的伟人是艾伦·图灵，因为他是现代计算机科学和人工智能之父。因此，剑桥是一所很特别的大学，我个人也很向往。大家知道，我曾在美国待了8年，先是在美国纽约州立大学布法罗分校攻读计算机科学硕士学位，随后又在华尔街和硅谷工作过。1999年，我回国创建了百度。

我认为，过去16年里，互联网发生了巨大改变。我们大体上经历了互联网的三幕。第一幕是PC互联网时代，称霸了大约15年，第二幕是所谓的移动互联网时代，增长周期只有四五年。而现在，我们迎来了第三幕，即人工智能时代。每一幕都各具特色，因此，它们也有不同的迭代速度。

例如，我认为，PC互联网时代高度依赖软件的快速反应。对于我来说，我确实是在软件时代成长起来的。对于传统软件公司，升级软件一般至少需要6个月，有时甚至要一两年。所以人们认为软件行业总是要花6个月的时间升级软件，但是互联网的到来极大地改变了这一切。我们不需要像1997年那样为互联网公司工作，那时我在Infoseek搜索公司工作，我们开始意识到互联网公司与软件公司非常不同，特别是迭代效率这方面，因为在互联网公司，我们几乎可以不间断地升级软件，每一天都能升级，一旦升级了代码和服务器，所有用户都能即时享受到这些服务。这点和传统软件公司很不同：他们

Part 2　快速发展的人工智能

需要发布软件包，6个月之后用户才能升级最新的版本。而互联网公司则不一样，你可以随时升级你的服务器和软件。例如，百度每天多次升级我们的服务，这就是一种持续不断的升级。但是用户可能看不出来，因为搜索引擎本身看不出有什么变化，依然是每次在搜索栏输入问题后，就会显示答案。而回溯过去的16年，我们可以每天多次进行升级软件，这就是不同于传统软件业的地方，而这也是为什么大多数的传统软件公司在互联网时代表现逊色的原因。这就是PC互联网时代。

大约5年前，我认为世界迈入了移动互联网时代，即我所说的互联网的第二幕。移动互联网时代不仅仅是不停地升级软件，事实上，这个时代的软件可能3个月、2个月或者1个月才升级一次，时间不固定，没有规律可言。所以，移动互联网的制胜法宝是什么？我认为是建立自己的生态系统。

但为什么在PC领域并非如此呢？因为在PC互联网时代，一切在国际市场上都是标准的：协议都是http，标记语言都是html。你只需要关注技术本身，其他的东西都已经准备好了。所有的网页都是开放的，你只需要链接网页就可以获得全部的内容。

但是移动时代就完全不一样了，大量的内容灌入到了大量的APP中，然而我们并没有很好的答案。但是有一个好消息是，利用这些APP，你可以做更多的事情，而不只是获得信息。网页的信息都是标准信息，但对于移动语言来说，你甚至可以在自己的手机上进行交易。为什么我们在PC和移动互联网有不同的行为呢？这是因为，尤其是对于百度这样的公司来说，我们要为人们的搜索需求和庞大的交易服务。

在PC时代，用户使用百度的产品来获得信息。但是在移动时代，用户的期待更多，自然我们需要做的也就更多。当用户输入搜索请求的时候，百度搜索更有竞争力，用户不仅可以搜索到某项服务的信息，还可以直接订购该项服务，不仅能查找服务信息，还能直接预订服务，免去了在APP和搜索页面之间切换的麻烦，这与之前是不同的。如何才能实现这一点呢？这就要靠我们自己建立一个生态系统，因为并不是所有的APP都能整合在一起，因此我们也花了好几年的时间来完成这些工作。

之前几年，我们试图将PC端的搜索功能转变成更适应移动时代的搜索服务。一开始我们只是改变搜索界面来使用变小的窗口、适应更慢的网络连接和更贵的上网费用，但这远远不够，需要做出的改变远不止这些，因此我们开始在垂直细分领域投资，比如教育、医疗、汽车、旅游、餐饮等许多重要的行业。所以不管用户想从我们这里得到什么，不管他们输入的关键词是什么，我们都能提供他们所要求的服务。同时，我们还试图与众多垂直领域的巨头建立合作关系，以此来为百度搜索的用户提供最佳、最流畅的搜索体验。

当然，不只是百度搜索，还有百度地图。现在在中国，你只要打开百度地图，就可以轻松预订酒店。你还可以在百度糯米上用折扣价格团购餐饮。事实上，我们在百度地图上推出预订酒店的功能时，一下子接到了好多订单，而其中大部分订单预订的都是当天的酒店。这和传统的酒店预订有很大不同。以前，你会提前几天、甚至几个星期就在网上预订好了。但在移动网络时代，人们都是抵达目的地以后才打开百度的，因此他们要找的是附近的酒店。在百度地图上找到后，就下了当天的订单。这是一个很大的改变。移动时代还会为我们，以及像我们这样的互联网公司带来更多的可能。所以，在过去的几年中，我们不仅推出了许多更适应移动时代的搜索APP，还与许多垂直行业的领军企业合作，力求为用户带来最好的O2O体验。

消费者寻求的是服务，有些服务在线上就可以满足，而有些则需要在线下进行，我们提供的正是许多重要行业的线下服务。从这里大家可以看出来，我们已经不再依赖于标准的网络生态环境了，而是根据自身的需求建立新的生态环境。我们需要和垂直供应商保持良好的合作关系，需要确保用户

Part 2 快速发展的人工智能

可以通过我们的APP顺畅地交易。

以上就是第二幕,是基于移动时代的互联网发展。但是从今年开始,我们正在走进一个新的时代,拉开下一个帷幕。这就是基于人工智能的互联网时代。

同样,人工智能时代也不同于PC和移动时代。单从搜索键上你就能看到这一点。现在的搜索框中不仅有相机图标,有的搜索引擎在底部还有麦克风图标。这与之前的版本有很大区别,因为对于大众来说,用声音或图片来表达想法更加简单。有了这种需求,我们就应该去满足,关键全在于AI。现在语音识别的准确率非常高,百度的准确率能够达到了97%。这97%意味着什么呢?意味着其精确度甚至超过了人对语音的识别能力。可以看出,如今语音识别技术已经相当成熟,足以被运用到许多领域、许多场景,其中最重要的场景之一就是搜索。

当我们从PC时代跨入移动时代时,大家逐渐意识到键盘并不是表达思想最自然的方式。我们这一代是用着笔记本电脑长大的,已经习惯了在键盘上敲字,可是智能手机问世时,键盘变成了屏幕上的虚拟键盘,触摸屏要肩负鼠标和键盘的多重功能。一开始,大家都觉得这个设计太蠢了,又慢又不精准。但当我看着孩子们用触摸屏时,一切又是那么自然。这是因为相比于在传统键盘上输入,更加自然的表达方式是手指在触摸屏上的点击。但移动时代之后,声音和图片成了更自然的表达方式。毕竟人们都是先学说话后学会打字,因此若要表达思想,通过声音表达更加自然。之前机器没法辨认出语音信息,所以人们不得不使用键盘或触摸屏输入想表达的信息;但是多亏人工智能,人们现在可以使用语音来传达信息。

此外,还有图像识别。如果你看到一株植物,但是不知道是什么植物时,那么拍一张照片,机器就会识别出其物种。这同样适用于人脸识别,当你看到一个人,不知道他是谁,拍一张照片,机器就能自动识别出来了。

原因何在？答案依然是人工智能。人工智能技术非常有用，它不是一个新概念，早在60年前就已经有人创造了"人工智能"这个词，但是直到过去10年，我们才意识到人工智能的重要性，主要是因为今日的计算能力更为廉价和强大。而且，和过去相比较，我们也已经拥有了更多的数据。

拥有大数据和廉价计算能力的人工智能技术，现在就出现在人们的生活之中。百度在过去的五六年间，在人工智能技术方面投入很多，尤其是在深度学习方面。

在今年9月1日，我们举办了一年一度的百度世界大会，当时我们发布了百度大脑，它就是百度人工智能技术的引擎。百度大脑涉及百度最为核心的人工智能能力，具体包括语音能力、图像能力、自然语言处理能力和用户画像能力。

我已经提及了语音能力和图像能力，除此之外，自然语言处理能力也是非常重要的，因为人们在表达他们想法的时候，不仅要知道他们独特的性格特点，还要知道他们到底需要什么，这背后就涉及自然语言处理技术。这是一个不同寻常的领域，所以我们又增加了用户画像，因为这也是很有用的，原因就是我们有很多大数据。我们有许多用户的数据，例如行为数据、搜索的数据、地理位置信息等，所以我们可以对用户有一个很好的理解，多亏这些，我们可以满足用户的需求，背后的人工智能技术是很重要的，提供了很大的帮助。我们除了可以增强现有的百度服务、搜索、地图、贴吧等，实际上还可以给很多其他的开发人员提供很多的服务，这样可以利用我们在过去五六年中的成果，帮助他们建立自己的优势。

例如，最近，我们的销售团队有些新的尝试。许多公司的销售平台的人员薪酬不高，导致人员流失率很高，所以公司总是需要培训新的销售人员，教他们销售技巧，以及如何与客户交谈。一般来说，最佳销售人员的业绩是新销售人员的10倍。过去很多公司只是总结一下最佳销售人员的销售技巧，然后让新员工背下来，所以新员工要花很多时间学习并使用这些技巧。现在我们研发了一个新系统来帮助新销售人员学习，就是当他们打电话给潜在客户时，我们植入了一个语音识别引擎，当客户说话和询问时，系统会实时识别问题，并显示最佳销售人员通常会如何回答这个问题。这在以前是不可能的事，但是有了语音识别技术后，这就成了可能。这样新销售人员不需要很长的训练期，就可以做出和最佳销售一样的业绩。所以大家可以想象一下，未来语音识别将对于全球各个行业有什么样的影响。

除了语音识别，我们发现了其他新的可能。我们有自己的金融服务、互联网金融，可以根据图像识别技术识别人们的面孔。我们可以在几秒钟之内完成学生贷款的服务，因为我们可以识别身份证上的照片，并与该学生的身份进行匹配，这些都是因为我们有这样的技术能力。我们也把这个能力和广告系统做了结合，其中很大的一个领域就是教育。我们非常了解这些教育机构，了解他们的毕业生毕业之后的收入水平。我们与这些教育机构合作，向潜在的学生发放学生贷款。教育机构很满意这样的合作，因为他们可以找到更多的学生，赚到更多的钱。学生也很满意，因为这意味着他们可以不用依靠自己的储蓄上学，而是可以选择贷款上学。我们也很有利，因为可以赚取贷款利息。这一切都得益于技术的发展，让我们可以评估所有学生和潜在学生的信用。还有自然语言理解能力，也是IT业内的一大趋势。

最近很多公司在努力研发虚拟助手，以百度为例，我们推出了一款叫作"度秘"的虚拟助手，人们可以用自然语言和它对话。它能讲笑话，帮你订酒店，回答一些一般需要用搜索引擎解决的问题，而且它正在变得越来越智能。"度秘"是我们在1年之前发布的，之后的每一天，它都在不断进步，几个月前我们用它来讲解篮球奥运会比赛，结果它表现很好，基本上和人类的解说一样好。以后我们会把这种自然语言界面变为新的平台，对话就是新平台。未来，不再需要做API（应用界面程序），不用学怎么使用新的遥控器、键盘，因为人们只用说话就够了。通过自然语言理解，所有的工作就都可以被完成了。

用户画像技术也将帮助到很多行业,比如营销。去年6月,传奇影业让我们帮助他们宣传在中国即将上映的电影《魔兽》。我们利用自身的用户挖掘技术,吸引更多人去观影。我们将用户分为三组,第一组是这部电影的忠诚粉丝,不需要任何的宣传也会去看。第二组是犹豫不决的用户。第三组是无论如何宣传都绝不会去看这部电影的人。我们的工作是找到并识别这三组用户,并转化犹豫不决的用户们,促使他们去电影院看电影。我们通过用户画像,找出摇摆不定的用户组,进行营销。我们对于这种营销手段最初的预期是提高5%的收入,结果提高了超过200%。我们非常了解用户,知道他们是谁、喜欢什么、收入多少,通过进行这些分析,我们可以做很多事情。我们目前才刚刚开始这方面技术的探索,只和几家外部合作伙伴进行了尝试。一旦各个行业了解了语音、图像、自然语言理解、用户画像技术的作用,应用的可能性是无限的。

在人工智能时代,每个人都会受影响,不仅是IT公司,从制造业到金融,从教育到医疗,从旅游到物流等行业,都将会面临转型和颠覆。我认为只要你做好准备,就能利用这些技术来提升自己的竞争力。在人工智能的时代,我们必须重新设想方方面面的可能性,(重新设想)我们的公司、行业、中国和世界的无限可能。

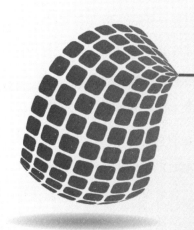

Part 3
人工智能的特点

　　经过60多年的演进,特别是在移动互联网、大数据、超级计算、传感网、脑科学等新理论、新技术以及经济社会发展强烈需求的共同驱动下,人工智能加速发展,呈现出深度学习、跨界融合、人机协同、群智开放、自主操控等新特征。

第一节 深度学习

机器学习让我们可以处理对于人来说太过复杂的问题,其手段是把其中一些负担交给了算法。正如AI先驱Arthur Samuel在1959年所述,机器学习是"让计算机有能力在不需要明确编程的情况下自己学习的研究领域"。

大多数机器学习的目标都是针对特定用例开发一个预测引擎。一个算法会接收有关某个领域的信息,比如某人过去看过的电影,然后给出输入的权重来做出有用的预测,如此人将来喜欢另一部不同电影的可能性。所谓的赋予"计算机学习的能力",意思是指把优化(对现有数据的变量赋予权重以做出对未来的精确预测)的任务交给了算法。有时候我们还可以更进一步,把指定首先要考虑的特征这项任务也交给程序。

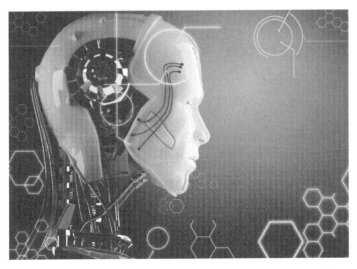

机器学习算法是通过训练来学习的。算法一开始会接收输出已知的例子,然后留意其预测与正确输出之间的不同,再对输入的权重进行调整,从

Part 3 人工智能的特点

而改进预测的精确度,直到完成优化。这样一来,机器学习算法的定义性特征就是通过经验来改善预测的质量。我们提供的数据越多,我们能创建的预测引擎就越好。

机器学习有超过15种方案,每一种都采用不同的算法结构来优化基于所接收数据的预测。其中一种方法叫作"深度学习"(DL),这种方法在新领域取得了突破性的结果。但是除此以外还有很多种方法,尽管这些方案受到的关注略低,但仍然很有价值,因为它们适用于很广范围的使用案例。除了深度学习,其他一些最有效的机器学习算法包括:

"随机森林",可创建众多决策树来优化预测。

赵春林拜访中共中央党校教授孙钱章先生

"贝叶斯网络",可利用概率法来分析变量和变量之间的关系。

"支持向量机",提供分类的实例给它,它就能创建模型,然后分配新的输入给其中一个类别。

每一种方法都有各自的优势和劣势,而且结合使用也是可以的。选定用于解决特定问题的算法要取决于包括现有数据集性质在内的因素。实际上,开发者往往会进行试验来看看哪种有效。

机器学习的用例视我们的需求和想象不同而不同。有了合适的数据，我们就能针对无数目的开发算法，这包括：根据某人此前购买历史推荐其可能喜欢的产品；预测某机器人或者汽车装配线什么时候会失效；预测电子邮件是否寄错；估计信用卡交易属于欺诈的可能性；等等。

即便有了一般机器学习——比如随机森林、贝叶斯网络、支持向量机等，编写能很好地执行特定任务，比如语音识别、图像识别等的程序仍然很困难。为什么？因为我们不能用实用、可靠的方式来指定须优化的特征。比方说，如果我们想写一个程序来识别汽车图片，我们不能为算法处理指定汽车的特征，能让它在任何情况下都能正确识别。汽车的形状、大小、颜色都各不一样，位置、方位和造型也各异，还有背景、光线等大量的其他因素影响着该对象的样子。写一套规则涉及的变化太多了，多到几乎无法穷举。而且即便我们能写出这样的规则，那也不会是可扩充的解决方案，因为我们得为每一种我们希望识别的对象都编写一套程序。

于是就引出了深度学习，这个东西彻底改变了人工智能世界。深度学习是机器学习的子集——是后者超过15种方法中的一种。所有的深度学习都是机器学习，但并非所有的机器学习都是深度学习。

深度学习是有用的，因为它避免了程序员必须承担特征定义或者优化的

Part 3　人工智能的特点

任务——这两件事情都由算法包办了。

这是如何实现的呢？深度学习的突破是对大脑而不是世界建模。我们的大脑学习做复杂的事情——包括理解原因和识别对象等，靠的不只是处理详尽的规则，还包括练习和反馈。小时候我们体验这个世界（比方说我们看汽车的图片），做出预测（"汽车！"），然后收到反馈（"是的！"）。在没有掌握详尽规则集的情况下，我们通过训练来学习。

深度学习采用相同的办法，把近似于大脑神经元功能的、人工的、基于软件的计算器连接到一起。它们组成了一个"神经网络"，这个网络接收输入（比如前面我们提到的汽车照片）；分析它；对它做出判断然后再接收自己判断是否正确的信息。如果输出错误，算法就会对神经元之间的连接进行调整，而这将改变未来的预测。一开始神经网络会发生很多的错误。但随着我们提供了上百万的例子，神经元之间的连接就会不断得到调整，最终使得这个网络几乎在所有情况下都能得出正确决定。

通过之一过程，随着效率不断增加，我们现在可以：

识别图片的元素；

实时进行语言翻译；

用语音来控制设备；

预测遗传变异如何影响DNA转录；

分析客户评论的情绪；

检测医疗影像中的肿瘤；等等。

当然，深度学习并不适合于每一个问题，它通常需要用庞大数据集来进行训练，训练和运行神经网络还需要庞大的计算能力。它还有一个"可解释性"的问题——究竟神经网络是如何形成预测是很难知道的，但通过解放程序员，让后者不需要进行复杂的特征定义，深度学习为一系列重要问题提供了一个成功的预测引擎。因此，它成了AI开发者工具包当中的一项强大的工具。

深度学习是如何工作的?

鉴于深度学习的重要性,了解一些深度学习的基本原理是很有价值的。深度学习牵涉到对人工的"神经网络"——一组相互连接的"神经元(基于软件的计算器)"的利用。

一个人工神经元有一到多个输入。它会根据这些输入执行数学运算然后产生输出。输出要取决于每一项输入的"权重",以及神经元中的"输入—输出函数"的配置,输入—输出函数会各有不同。神经元可以是如下三种:

线性单元(输出与输入总权重成正比关系);

阈值单元(输出设定为两级中的一级,具体取决于总输入是否超过特定值);

Sigmoid单元(输出不断变化,但不是随输入变化而线性改变)。

当神经元相互连接到一起时,神经网络就被创建出来了,而一个神经元的输出就会变成另一个神经元的输入。比如我们要识别图片中的人脸,先要识别像轮廓这样的"底层"特征,随着图像横穿网络,"更高层"特征逐步被解析出来——从轮廓到鼻子,然后从鼻子到脸部。

通常,神经网络的训练是通过给它提供大量打上标签的例子来进行的。错误可以被检测到,而算法会调整神经元之间连接的权重来改善结果。在部署好系统并对未打标签的图像进行评估后,优化的过程还会重复进行很多次。

Part 3 人工智能的特点

设计和改进神经网络需要可观的技能。步骤包括对针对特定应用的网络架构设计，提供合适的数据训练集，根据进展情况调整网络结构，以及多种方法的结合，等等。

第二节 跨界融合

近年来，人工智能在语音、语意、计算机视觉等领域实现了很大的突破，并加速应用到生活的各个领域。在科大讯飞董事长刘庆峰看来，2017年是中国人工智能应用的落地年，成为人工智能产业发展的分水岭。他认为，应用才是人工智能发展的硬道理，只有技术不断地应用在各个领域，才能得到发展。

"没有场景支持的AI研究是空中楼阁。"腾讯集团董事长马化腾这样说。这些年，人工智能技术的快速发展，让AI在个人助理、汽车领域、医疗健康、安防、电商零售、金融、教育等方面的应用覆盖了生活的各个方面。

百度公司总裁张亚勤表示，百度要做人工智能时代的操作系统，需要建立一个生态，没有场景的人工智能是没有用的。百度未来10~20年的战略都押注在人工智能领域，公司所有的资源和技术都向其倾斜。所以，百度将其和家居、医疗、汽车、教育等垂直行业结合,并和家电企业、汽车厂商等企业进行合作,开放数据API,希望加快各个行业的智能步伐。

人工智能在汽车领域的应用前景十分广阔,其中自动驾驶最受人关注。在自动驾驶领域,很多厂商已经深耕数年,这让2016年成为自动驾驶充分竞争的一年。2017年,百度智能汽车正式亮相,向全球展示了百度在高精地图生产制造、自动驾驶环境感知等领域的领先技术,并发布自动驾驶开放平台RoadHackers。通过应用AI技术,能够提高公共交通和交通系统的安全性和效率,自动驾驶车辆也可以减少交通事故,缓解交通压力,为实现指挥交通发挥重要作用。日前,阿里巴巴与杭州市政府合作,通过整合AI技术的交通信号灯使城市交通更加智能化,减少了拥堵,在特定区域提升了11%的交通流量。吉利汽车搭建新一代核心业务系统整体上云,实现了传统业务的在线化和数据化运营,助力吉利汽车引领汽车行业的"互联网+"潮流。

很多行业专家认为AI将成为企业跨部门业务发展的"颠覆者",随着人工智能的发展,渐趋成熟的AI技术正逐步向"AI+"进行转变。相较于受到技术和法律限制的无人驾驶汽车,更多人认为智能医疗显然更容易实现"落地"。智能诊疗系统可以大幅度提高医生诊疗效率,准确率也更高,机器人的智能健康体检系统也可快速建立个人健康档案,因此不少企业和科研机构正在布局智慧医疗领域,成为厂商布局AI的下一个"蓝海"。据了解,日前

Part 3 人工智能的特点

国防科技大学相关团队研发的医疗机器人对外公布,该机器人通过运用超级计算机的大数据运算以及人工智能技术,可以提供挂号、诊疗、体检等一体化智能医疗服务,包括智能挂号、智能诊疗、智能健康体检三大功能系统。百度在医疗O2O智能分诊、人工智能参与的智能问诊、基因分析和精准医疗、基于大数据的新药研发等四方面进行研发,期望把几十万台服务器的运算能力和最先进的算法,运用到医疗和健康领域。

AI与金融的结合也是非常前沿而热门的领域,比如智能投资顾问、金融预测与反欺诈融资授信、安全监控预警、智能客服以及服务型的机器人等都成为企业研究的热点。例如,浙商银行打造金融行业云,解决了吞吐量大、高并发等问题,建立大数据分析处理平台,创新银行用户画像、征信、风险预警等大数据服务;平安科技大数据平台产品"平安脑"已经在提供服务,应用于风险量化、反欺诈、智能推荐、健康医疗、智能运营等领域。

在人工智能成为全球IT巨头最新角斗场的今天,家电行业也掀起了人工智能的热潮,不少家电企业都瞄准了人工智能,有些企业潜心研发AI技术,将其应用于家电产品,而有些企业则是通过并购或合作等手段,切入机器人市场。

赵春林出席中国互联网金融高峰论坛

2017年以来，长虹、美的、格力、格兰仕等都在向智能制造转型，在机器人生产及应用领域进行布局。同时，几乎所有的家电厂商都立足"Smart Home"，将人工智能和智慧家庭更紧密地结合在一起。2017年，长虹发布了以电视机为中心的人工智能平台AI Center；TCL也在彩电春季新品发布会上首次揭开人工智能电视面纱，联合各方在人工智能及云服务上将数据打通，实现资源共享。此外，包括小米、微鲸、爱奇艺等互联网企业也看好AI发展前景，进行大力布局。据爱奇艺首席技术官汤兴介绍，爱奇艺引入了AI大数据机器学习技术，进行类准识别，使防盗刷系统变得更加高效。可以看到，在智慧家庭领域，厂商已经开始从硬件产品到内容服务、大数据整合以及人工智能等多维度打造智能客厅，抢占极具价值的家庭入口。

尽管我们已经看到AI在越来越多的领域开花，但是李开复表示，除少数垂直领域凭借多年大数据积累和业务流程优化经验，已催生出营销、风控、智能投顾、安防等人工智能技术可直接落地的应用场景，大多数传统行业的业务需求与人工智能的前沿科技成果之间尚存在不小距离。面向普通消费者的移动互联网应用与人工智能技术之间的结合尚处在探索阶段。

第三节　人机协作

随着近几年我国制造业劳动力成本的大幅攀升、工业制造业朝着集约化智能化的方向升级以及国家出台一系列产业政策支持工业机器人领域发展，将支撑我国工业机器人产业及市场规模持续扩大。

自2013年起，中国成为世界最大的工业机器人市场，不过当前我国机器人人均使用密度依旧低于全球平均水平。随着机器人研发技术的进步，我国工业机器人市场具备较大的渗透密度提升空间。《机器人产业发展规划（2016~2020年）》提出到2020年，自主品牌工业机器人年产量达到10万台，意味着2016~2020年，我国自主品牌机器人年复合增长率达到35%。

在国内工业机器人市场前景广阔、增速居前、国产化率不断提升的背景下，国内相关机器人厂商竞争力、赢利能力不断增强。可从三个方面选择投资标的：一是具有一定核心零部件开发能力的本体及集成公司；二是其产品应用领域面向家电、3C等新增长领域的公司；三是核心零部件产业化方面走在前列的公司。

1. 智能工厂时代来临

随着我国经济高速发展，导致人力成本资源也不断上升。数据显示，我国城镇企业工人的平均工资对比10年前飙升了四五倍，如此高的劳动力成本让不少企业都开始向智能制造化转型发展，直接促使着工业机器人行业的进步。未来，工业机器人代替普通工人完成流水线操作已是大势所趋，而这也是中国未来发展制造业的重大战略之一。

目前，全球已经进入了工业4.0智能工厂时代。工业机器人产业以极快的速度发展，预计2017年全球工业机器人销量仍会呈现大幅的增长。而我国作为制造业大国，劳动力成本的影响尤为重大，这也导致我国工业机器人产业发展非常迅速，毕竟在产业转型升级的大背景之下，机器人替代人类已经是未来趋势。

尤其是近年来，我国政策大力推动工业机器人产业发展，出台了相关产业规划指导，进一步确认我国未来将以机器人作为智能制造业的重要途径。在2017年两会政府报告中，就提到了要加快培育壮大新兴产业，其中人工智能更是被首次写入政府报告，说明智能制造已经上升到了国家战略层面，而机器人是人工智能+智能制造的具体体现，直接对整个制造业乃至更多领域起到促进转型升级的作用。

由此可见，未来产业机器人行业前景无限。国家撑腰、庞大的国内市场、数量可观的人才储备，这些都是发展工业机器人行业的优势条件，随着更多资本的进入，整个行业会迎来一个爆发期。

值得一提的是，目前阶段我国工业机器人使用率依然偏低，整个行业具有广阔的发展空间，需要更多的资本介入来促使其进步。

根据《中国工业机器人行业产销需求预测与转型升级分析报告》显示，2016年全年工业机器人的年总产量就达到了72426套，同比增长34.4%；预计2017年我国工业机器人年产量就将突破8万台大关，而到了2018年，中国工业机器人市场销量有望超越15万台，将继续成为全球市场增长的最强劲驱动力。

未来随着国家政策的不断推进,敢于第一批吃螃蟹的龙头企业将获得可观的红利。

赵春林出席毛泽东思想指导社会实践论坛

2. 机器人融合人工智能技术

在过去的几年里,工业化机器人生产规模越来越大,服务机器人应用也逐渐增多。从技术水平看,机器人和人工智能技术的融合已经不是难题,机器人制造业或许将进入2.0时期。

数据显示,2016年度全球机器人产业较上一年度增长超过一成,机器人市场总资产达数百亿美元。预测到21世纪20年代,机器人市场规模将翻倍。单看中国机器人业,2017年度中国工业化机器人使用量估计在全球占比超4成,主要应用于汽车业以及电子金属业等。而人工智能产业目前总资产数十亿美元,预测至2020年将增长到近500亿美元。

业内人士认为,这两个市场规模都很大的高科技产业的交叉,首先需要保护充足的针对AI机器人的研发资金。至于技术层面的问题,人工向智能机器人需要大量数据的支持以及高性能技术的研发。未来实现AI机器人或许大规模用于工业的同时，或许还可以在公共领域初步实现AI机器人服务。

知情人士表示，人工智能机器人的关键在于将人工智能的技术与机器人制造相互融合，切实做到机器人智能化的同时加快机器人、人工智能两大产业相互促进发展。目前我国机器人行业应用较少，未来成长潜力大，而且相关部门也出台了一系列有利政策，为AI机器人产业的发展实现政策支持，这些都为机器人产业新一轮发展壮大提供了有利条件。

赵春林接待前联合国秘书长潘基文特使金圣杰先生

3. 中国机器人应用存在局限

目前用于生产环境的工业机器人用的是成熟的控制技术+先进的制造技术+严谨的设计。为什么先要明确这一点，因为分析国内机器人的水平无非就是弄清楚这个行业里面，哪些是国人可以做到的，哪些是做不到的。

目前国内工业机器人的应用场合大概有以下几种：

高强度加工制造业，比如汽车制造业（如焊接机器人、组装机器人等）只是部分工段使用了工业机器人，国外汽车制造业自动化水平更好另当别论；工业机器人的使用是为了解决良品率和效率的问题。

特殊工作环境（不适宜工人施工的场合），比如水下机器人，人去太危险，或者靠人根本就实现不了，机器人做得要比人更好。

其实自动化的问题很久以前就已经解决了，当然那种自动化生产线是专门设计的，为了某一类甚至某一种型号的产品设计的流水线。这样就出现了一个问题，它不能满足小批量或者中小批量个性化的制造需求。

工业机器人是在这种前提下被炒得火热，工业机器人也是一种自动化的机器，由工程师预先设置好工作流程，和数控加工中心其实很类似，可以通过不同的代码及命令组合实现复杂的加工过程。

那既然工业机器人这么灵活，可以满足这么多的需求，那就一定也有它的弱点吧？答案是肯定的，工业机器人之所以能够实现柔性制造，实现看起来无限的可能，得益于科学家对它的极高要求。说机器人是制造业皇冠上的明珠不为过，但是未来明珠上面也可能镶嵌钻石。

4. 人机协作掀起新制造革命

在带领传统制造业转型升级的过程中，机器人产业被寄予厚望。工业机器人是智能工厂、无人工厂中的核心装备，汽车制造、机械制造、电子器件、集成电路、塑料加工等较大规模生产企业都涉及工业机器人的应用。在工业发达国家，工业机器人经历近半个世纪的迅速发展，其技术日趋成熟，已在诸多工业领域得到广泛应用。

据联合国欧洲经济委员会和国际机器人联合会的统计,从20世纪下半叶开始,世界机器人产业一直保持着稳步增长的良好势头,世界工业机器人市场前景很好:1960~2006年年底,全球已累计安装工业机器人175万余台;2005年以来,全球每年新安装工业机器人达10万套以上;2008年以后,全球工业机器人的装机量已超过百万台,约为103.57万台,且这一数据还在增长。

在这股全球范围内的智能工厂和生产数字化通信产品的风潮中,在产品制造中找回人性化的一面将是新趋势。这是产品个性化需求的趋势。丹麦优傲机器人(Universal Robots)首席技术官艾斯本·奥斯特加(Esben Oestergaard)更将之超前地概括为"工业5.0"。

在未来的智能化工业中,对于机器人在制造生产中扮演的角色也将有新的要求。工业机器人之父恩格尔·伯格(Engel Berger)曾指出,如果一个自动的设备只做一件事情,那这个设备就不能称为机器人,只能叫作自动化,真正的机器人应该具有做各种不同工作的能力。

"以汽车行业为例,鉴于市场的发展演变和顾客对所购商品的高度个性化需求,人类创造性的重新加入势在必行。"艾斯本·奥斯特加认为,尽管机器人善于以标准化流程大批量制造标准产品,但如果想要让每件产品都有一点与众不同,就需要人类对机器人给予指导。因而,在生产过程中,机器人只有与工人或操作人员良性协作,其自动化才能更好地发挥潜能。

根据顶尖咨询公司埃森哲的一项调查显示,85%的制造商预计:到2020年,制造业的技术焦点将转向"人机协作"。

传统工业机器人在自动化生产中,往往需要繁杂的编程和漫长的精力做设定,而能够做到的也仅仅是按照既定的程序进行工作。然而,新型协作机器人能够直接与人类员工并肩工作。在人机协作领域中,人类与机器得以互补和促进。工人可以加入人性化元素,使产品个性化,而协作机器人可以事先进行产品加工，或是为工人备妥需要加工的产品。

"机器人的使用不代表工人将被替代，而是增强工人的能力，并且让他们能够使用协作机器人作为多功能的工具；工人则可以发挥创造性，处理更为复杂的项目。"艾斯本·奥斯特加强调。

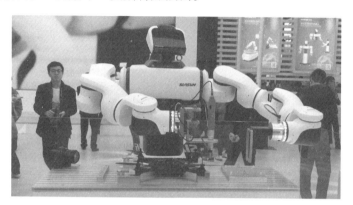

2016工博会期间，我国机器人制造公司新松机器人推出了一款具备柔性多关节技术和可动双目视觉系统的双臂协作机器人。两条伸展开近3米长的双臂，共14个关节的灵活柔性和可动双目视觉系统，能够对人双臂做出的任意动作即学即会，还可以装配手表甚至穿针引线。这款双臂协作机器人具有高灵活性、安全性、自主避障等特点，可以为用户提供更加集成化、柔性化的解决方案，可以快速布局于自动化工厂、仓储分拣、自动化货物超市，实现物料自动搬运、物品上下料、物料分拣等。它改变了传统工业机器人的操控方式，无须编程，通过拖拽的方式就能让机器人记住运行轨迹，下一次就可以自动运行。同时每条臂有7个自由度，更能适应狭小的空间，对于目前中国的工厂来说，可以很方便地实现生产线改造，进行渐进式的升级替代。

智能化的浪潮正席卷中国制造业。这背后需要强大的智能装备支撑，包括强大的工业自动化软件、基于机器人的自动生产线、一站式解决方案等。这是一个漫长的过程，也是传统制造业长期努力的方向。而从机器人到自动化的生产线，到智能工厂，再到全面的智能制造，渐进式的升级转型更符合中国制造业的现状。

第四节 群智开放

《新一代人工智能发展规划》（以下简称《规划》）明确提出群体智能的研究方向，对于推动新一代人工智能发展意义重大。当前，以互联网和移动通信为纽带，人类群体、大数据、物联网已经实现了广泛和深度的互联，使得人类群体智能在万物互联的信息环境中日益发挥越来越重要的作用，由此深刻地改变了人工智能领域，例如，基于群体编辑的维基百科、基于群体开发的开源软件、基于众问众答的知识共享、基于众筹众智的万众创新、基于众包众享的共享经济等，这些趋势昭示着人工智能已经迈入了新的发展阶段，新的研究方向和新范式已经逐步显现出来，从强调专家的个人智能模拟走向群体智能，智能的构造方法从逻辑和单调走向开放和涌现，智能计算模式从"以机器为中心"的模式走向"群体在计算回路"，智能系统开发方法从封闭和计划走向开放和竞争。因此，我们必须依托良性的互联网科技创新生态环境实现跨时空地汇聚群体智能、高效率地重组群体智能、更广泛而精准地释放群体智能。

1. 群体智能是新一代人工智能的重要领域

基于互联网的群体智能理论和方法是新一代人工智能的核心研究领域之一，对人工智能的其他研究领域有着基础性和支撑性的作用。著名科学家钱学森先生在20世纪90年代曾提出综合集成研讨厅体系，强调专家群体以人机结合的方式进行协同研讨，共同对复杂巨系统的挑战性问题进行研究。《规划》提出的群体智能研究方向，实质上正是综合集成研讨厅在人工智能新时代的拓展和深化。它的研究内涵不单是关注精英专家团体，而是通过互联网组织结构和大数据驱动的人工智能系统吸引、汇聚和管理大规模参与者，以竞争和合作等多种自主协同方式来共同应对挑战性任务，特别是开放环境下的复杂系统决策任务，涌现出来的超越个体智力的智能形态。在互联网环境下，海量的人类智能与机器智能相互赋能增效，形成人机物融合的"群智空间"，以充分展现群体智能。其本质上是互联网科技创新生态系统的智力内核，将辐射包括从技术研发到商业运营整个创新过程的所有组织及组织间关系网络。因此，群体智能的研究不仅能推动人工智能的理论技术创新，同时能对整个信息社会的应用创新、体制创新、管理创新、商业创新等提供核心驱动力。

2. 瞄准群体智能前沿，突破理论和技术瓶颈

《规划》在群体智能的基础理论和前沿技术分别设置了四个方面的基础理论研究任务和八个方向的关键共性技术研究任务，以建立关于群体智能的完整理论和技术体系，突破大规模群智空间构造、运行、协同和演化等关键核心技术，使得我国群体智能的研究达到世界领先水平。

在群体智能的基础理论部分，《规划》设置了四个方面的研究任务，包括群体智能的结构理论与组织方法、群体智能激励机制与涌现机理、群体智能学习理论与方法、群体智能通用计算范式与模型，以解决群智组织的有效性、群智涌现的不确定性、群智汇聚的质量保障、群智交互的可计算性等科学问题。在群体智能关键共性技术部分，《规划》设置了八个方向的研究任务，包括群体智能的主动感知与发现、知识获取与生成、协同与共享、评估与演化、人机整合与增强、自我维持与安全交互、服务体系架构以及移动群体智能的协同决策与控制等，以支撑形成群智数据—知识—决策自动化的完整技术链条。具体地，需要研究基于群体与环境数据分析的主动感知，对互联网群体行为进行多模态信息感知，建立对网络化感知信息的知识表示框架，突破基于群智的知识获取和生成技术，以实现群智空间善感、能知的基本目标；面向群体智能不断涌现产生的海量智力成果，研究大众化协同与开放式共享技术、持续性评估与可行演化技术，以保障群智成果汇聚质量；研

究人机增强和移动群体智能，解决在开放动态环境下群体与机器的协同强化、回环演进的问题；研究群智空间的服务体系结构和安全交互机制，以实现群智空间的高效组织和可信运行。

3. 建立群体智能平台，推进群体智能应用

我国现阶段虽具有丰富的人力资源，但是尚未释放出丰富而强大的群体智能，充分发挥对国家创新体系的支撑作用。《规划》立足国情和现实需要，聚焦平台与应用，提出构建群智众创计算支撑平台，打造面向科技创新的群智科技众创服务系统，推动群智服务平台在智能制造、智能城市、智能农业、智能医疗等重要领域广泛应用，形成群体智能驱动的创新应用系统和创新生态，占据全球价值链高端。

具体地，通过打造面向基础研究和高技术研究的、跨学科、跨行业的"群智空间"，有效整合各类科技资源和智力资源，构造基于互联网的群智众创服务平台，支撑建立科技众创、软件创新、群智决策等共性应用服务系统，解决国家经济社会发展和民生改善的重大问题。尤其是紧密结合我国在智能经济和智能社会的发展需求，形成一批群体智能重大应用需求的产品和解决方案，如构建群智软件学习与创新系统和群智软件开发与验证自动化系统，服务国家对软件自主创新的重大需求；构建人机协同、交互驱动的演进式群智决策系统，实现开放环境下复杂问题求解和智能决策；研制面向各类民生服务领域的群智共享经济服务系统，提高民生领域稀缺、高质量资源的利用率和共享度，改善我国人民生活质量。同时，在国家主要科技方向和领域推动形成基于群体智能的科技创新生态系统，培育新兴繁荣的群体智能产业发展新生态、新模式，将加速促进传统产业转型升级和新兴产业发展，使中国群体智能成为国家科技创新的核心驱动力，全面支撑国家的"大众创业、万众创新"重大战略。

第五节 自主控制

自主控制是在没有人的干预下,把自主控制系统的感知能力、决策能力、协同能力和行动能力有机地结合起来,在非结构化环境下根据一定的控制策略自我决策并持续执行一系列控制功能完成预定目标的能力。

目前国内外的研究中对"自主控制"的概念有着不同的定义。

美国国家航空航天局1985年在《空间站计划》一文中将自主控制定义为,在没有人的干预下,系统作为一个独立的个体,在传感器的刺激下,在一段时间内自我执行一系列的行动,以完成预定目标的能力。该定义强调了自主控制系统可以使用传感器接受外界环境的信息,并在这些信息的刺激之下,独立且有目标地执行任务。

可变自主控制是一种将人类智能同机器智能结合起来的控制方式,为了最大化系统的自主控制能力尽量减轻人类的工作负荷,系统具有多个层次的自主控制等级,并在非结构化环境下根据一定的策略自我评估自主控制等级,在合适的时候向人类发出控制邀请,实现人机智能融合的控制方式。该控制方式虽然有人类的介入,但是这并不意味着机器自主控制能力的降低,而是在现有控制能力的基础上引入人类的智慧,帮助机器减轻问题的复杂度,人类和机器之间取长补短实现更高层次的智能水平。把人类和机器的信息获取能力、信息分析能力、决策和行为选择能力有机地结合起来,通过机器的执行系统将人类和机器的共同智慧转化成为智能行为,从而实现在非结构化环境下,使用人机融合的智能来分析问题、制定策略最终解决问题的控制方式,让智能系统拥有最大限度的智能水平,从而能够解决人类和机器没有合作之前无法解决的问题。

可变自主控制系统最大的特征就是系统拥有若干个自主控制等级,每个控制等级对应着不同的控制策略。机器的自主控制等级越高,主动性就越强,在全自主控制方式下,机器具有完全的主动权,从而会忽略人类的存在。而在手动控制方式下,机器拥有最少的主动权甚至没有主动权,此时人类在主动权上占有绝对的优势。机器能够动态地在人类和机器之间主动协调分配可变自主控制系统的控制权,这样必须为机器制订一个调整控制等级的方法策略,机器会根据不同的任务环境背景在任务执行中采用不同的自主控制等级模式,在

赵春林当选《聚焦中国人》封面人物

需要的时候机器会主动提示人类手动干预和操作机器设备,帮助机器减轻问题的复杂度,或者在某段时间内让人类接管部分或者全部控制权。

具有可变自主控制能力的智能系统,可以很好地将人类的智能和机器的智能结合起来。在可变自主控制系统里,人类和机器已经构成一个不可分割的有机整体。人类和机器之间相互帮助、各挥所长,各自尽自己最大努力为可变自主控制系统的智能提供信息和智能支持,让可变自主控制系统始终工作在最佳的状态,并且拥有比人类和机器没有合作之前更高的智能水平,最终实现1+1>2的目的,最终能够解决人类和机器没有合作之前无法解决的问题。

Part 4
人工智能的应用领域

人工智能的受关注度一直居高不下,众多企业竞相入局。科技发展十分迅速,不断地给我们带来惊喜,不断地改变着我们的生活。

第一节　机器视觉

近年来，为了让机器更像人类，能够认知事物，从而进行判定和深度学习，计算机视觉技术方法与应用发展迅速。计算机视觉研究如何让计算机可以像人类一样去理解图片、视频等多媒体资源内容，例如用摄影机和计算机代替人眼对目标进行识别、跟踪和测量等，并进一步处理成更适合人眼观察或进行仪器检测的图像。近些年在海量的图像数据集、机器学习方法以及性能日益提升的计算机支持下，计算机视觉领域的技术与应用均得到迅速发展。

当下机器视觉技术已经渗入我们的日常生活中，从手机里的美颜APP面目识别功能、人脸相册分类，到支付宝面部识别身份验证、储物柜人脸识别，以及工业机器人对物体准确抓取、物流机器人障碍避让等都运用了计算机视觉技术。

1. 人脸识别

"人脸识别"是人工智能"计算机视觉"领域中最热门的应用，2017年2月，《麻省理工科技评论》发布"2017全球十大突破性技术"榜单，来自中国的技术"刷脸支付"位列其中，今后"靠脸"吃饭完全不是问题。这是该榜单创建16年来首个来自中国的技术突破。人脸识别技术目前已经广泛应用于金融、司法、军队、公安、边检、政府、航天、电力、工厂、教育、医疗等行业。据业内人士分析，我国的人脸识别产业的需求旺盛，需求推动导致企业敢于投入资金。目前，该技术已具备大规模商用的条件，未来3~5年将高速增长。而2017年，这一技术已在金融与安防领域迎来大爆发。

2. 视频监控分析

人工智能技术可以对结构化的人、车、物等视频内容信息进行快速检索、查询，这项应用使得公安系统在繁杂的监控视频中搜寻到罪犯有了可能。在大量人群流动的交通枢纽，该技术也被广泛用于人群分析、防控预警等。

视频监控领域盈利空间广阔，商业模式多种多样，既可以提供行业整体解决方案，也可以销售集成硬件设备。将技术应用于视频及监控领域在人工智能公司中正在形成一种趋势，这项技术应用将率先在安防、交通甚至零售等行业掀起应用热潮。

3. 工业视觉检测

机器视觉可以快速获取大量信息，并进行自动处理。在自动化生产过程中，人们将机器视觉系统广泛地用于工况监视、成品检验和质量控制等领域。

机器视觉系统的特点是提高生产的柔性和自动化程度。运用在一些危险工作环境或人工视觉难以满足要求的场合。此外，在大批量工业生产过程中，机器视觉检测可以大大提高生产效率和生产的自动化程度。

4. 医疗影像诊断

医疗数据中有超过90%的数据来自医疗影像。医疗影像领域拥有孕育深度学习的海量数据，医疗影像诊断可以辅助医生，提升医生的诊断效率。

2015年4月，IBM成立了Watson Health部门，开始进军医疗行业。2015年8月6日，IBM宣布以10亿美元的价格收购医疗影像公司Merge Healthcare，并将其与新成立的Watson Health合并。2016年2月，IBM又斥资26亿美元收购医疗数据公司Truven Health Analytics。2017年2月，在HIMSS2017全球年会上Watson Health公布了IBM的第一个认知影像产品Watson Clinical Imaging Review，该产品可检查包括图像在内的医疗数据，帮助医疗服务提供商识别需要关注的最危急情况。

5. 文字识别

计算机文字识别，俗称光学字符识别，它是利用光学技术和计算机技术把印在或写在纸上的文字读取出来，并转换成一种计算机能够接受、人类又可以理解的格式。这是实现文字高速录入的一项关键技术。

如今"计算机视觉"成为小风口，大量资本涌入，而2017年可能将是人脸识别产业应用产生突破性进展的一年。人脸识别和视频监控两大方向最受资本青睐，同时技术也在寻找其他方向的突破。

Part 4　人工智能的应用领域

●●●第二节　指纹识别和人脸识别●●●

1. 指纹识别

指纹识别人工智能在未来所具有的应用范围会广泛吗？这是业界很多人士都在探讨的问题，对于大众而言，指纹识别技术并不会太陌生，目前很多手机，不论是数千元的旗舰机还是千元左右的大众机型都搭配了此种功能，它已经在我们的日常生活中有所应用。

从指纹识别系统在手机上应用广受好评可以看到，指纹识别人工智能在未来必然会有很广泛的应用空间，特别是在工业生产领域中所具有的效果会更明显。在工业生产系统之中指纹识别人工智能系统有什么样的作用呢？多数企业在生产过程之中会使用到诸多设备，为了能够在设备使用过程中由专人完成，而不会由其他人进行代替，完全可以将指纹识别系统应用在这些设备上，通过系统智能化处理能够一键开关后自行完成各项流程任务，这样能够有效减低人员时间消耗。

指纹识别人工智能所能够覆盖的范围面是非常广泛的，从工业领域到日常生活能够全线覆盖，因此它的未来发展之路非常广阔，目前阶段德国、美国、日本等发达国家都已经在这一发展领域中投入大量资金进行研发，我国的一些科技领军企业也在这方面不遗余力地投入研发力度，未来阶段中，这一技术将决定工业领域众多企业的日常管理规范，在安全提升方面效果显著。

2. 人脸识别

在2017年的全国两会上，人工智能首次作为新兴产业代表，被写入《政府工作报告》，一时成为众多科技界代表、委员提案以及议案的关键词。有研究机构预测，到2030年，人工智能将造就7万亿美元规模的大市场，这预示着人工智能的浪潮即将到来，各行各业将发生巨大的变革。

作为人工智能的一项重要应用，人脸识别受到了各路资本的热捧和欢迎，人脸识别技术迎来了增长的爆发期。近年来，随着人工智能的不断进步，基于大数据的背景下，无论在技术上还是应用上，人脸识别都有了质的飞跃，准确率也得到大幅提升，实用价值巨大。

人脸识别，是基于人的脸部特征信息进行身份识别的一种生物识别技术，用摄像机或摄像头采集含有人脸的图像或视频，并自动在图像中检测和跟踪人脸，进而对检测到的人脸进行数据分析比对来验证人员身份。人脸识别技术利用的是人脸的独特匹配性，具有先天性的安全优势，受到高安全性环境应用领域的青睐，人脸识别能为各领域线上线下体系提供有力的身份信息认证保障。

3. 人脸识别辅助银行身份认证

在银行所有的业务流程中，柜面认证无疑是人脸识别高频的使用场景。当客户来到柜台办理业务时，银行工作人员首先会通过证件读卡器读取客户身份证信息，并由摄像头现场抓取客户的正面照片，系统则会将客户现场图像、联网核查的数据以及从身份证读取的底库照片进行交叉比对，随后向工作人员返回一个相似值结果，整个过程花费的时间仅为几秒钟。机器的快速判断缩短了客户在柜台办理业务的等待时间，同时，柜员借助人脸识别技术进行客户身份认证，避免了对客户外貌的反复观察，优化了柜台服务的客户体验。

人脸识别技术的引进，大大提升了柜台的业务处理效率，相较于肉眼比对，人脸识别误识率在1/100000时，98%的识别率（通过率）可有效防范风险操作和不法分子冒用身份进行开户、转账。

4. 脸识别辅助商业

①访客登记：访客到访公司，于平板电脑进行访客信息登记，由摄像头自动抓取人脸，通过系统打印出访客贴纸。

②识别迎宾：公司员工、贵宾进入公司入口，摄像头能识别到访人员，实现门禁功能管理。

③人脸识别考勤：通过入口处的前台平板电脑进行人脸识别考勤，也可通过手机端进行人脸识别考勤。

④智能生活：较多的园区、楼宇需要人脸门禁系统，人员进出快速通行，便于管理住户、访客的进出记录。

⑤智慧教育：为严防替考事件的发生，确保考试安全，人脸识别可加强考试入场环节的考生身份认证，并有效实现智能视频监考、作弊防控等。

5. 人脸识别助力安防布控

首先，在人流量大的地方利用人脸识别技术做动态人脸识别布控。它是在公共场所、关键通道等地方布置高清摄像头，通过高清摄像头抓取人脸、再大库比对，警方可以轻易找出重点人员流动路径。人脸识别技术的融入，一定程度上可以让民警从重复、繁杂的视频观察中解放出来，而且动态人脸识别布控可广泛应用于机场、车站、港口、地铁重点场所和大型商超等人群密集公共场所，以达到对一些重点人员的排查，实现抓捕逃犯等目的。

其次，就是对酒店、景区、网吧等地做好人证检查，这些地方大多都需要实名登记或实名购票，简单的身份证信息登记无法查出假身份证或冒用身份证等情况，从而带来一些安全隐患。

最后，人脸识别解决方案还可利用在火车站、机场等入口，通过摄像头和通道闸机相结合。乘客在进入时，先是车票和身份证同时在闸机上刷卡验证，先做到票和身份证一致，同时摄像头拍下乘客面貌，利用人脸识别技术，将现场照与身份证照做比对，做到两照合一。

第三节　智能信息检索技术

1. 信息检索机制及其发展

信息检索（Information Retrieval，IR）是一门致力于如何对大容量信息进行有效的存储与获取的科学。广义的IR通常是指在一定的技术设备环境条件下，对以某种方式组织的信息资源按其表达方式，依据特定用户的需求，制订构造策略、构造检索表达方式以实现检索目标过程的总称。而Information Retrieval System（IRS）则是借助计算机技术手段来存储信息以满足日后信息查询需要的一种检索工具。这里的信息可以是文本的、视频或音频的,但现行的大多数的信息检索系统仍只能以存储与检索文本的信息和文献为主。虽然IR技术日新月异,但IR的本质自始至终都没有变,变动的只是信息媒体形式、信息检索系统IRS的吞吐能力以及IRS存储与匹配的方法而已。

2. 人工智能技术在信息检索中的应用

人工智能研究机器模拟人脑所从事的感觉、认知、记忆、学习、联想、计算、推理、判断、决策、抽象、概括等思维活动,解决人类专家才能处理的复杂问题。它的研究和应用领域包括问题求解、逻辑推理与定理证明、自然语言理解、自动程序设计、专家系统、机器学习、模式识别、机器视觉、智能控制、智能检索以及智能调度与指挥等。

①信息过滤技术。过滤包括两方面的含义:一是信息检索技术中的过滤,一般称为信息过滤,如搜索引擎过滤、数据挖掘等。二是网络安全方面的过滤。传统的过滤主要有基于包的过滤、基于应用的过滤和基于文本的过滤等几种。基于文本的过滤实现简单,但缺少灵活性,只能对达到匹配的文

本一刀切，无法对文章的语义进行分析。引入了人工智能技术的智能过滤技术能够识别文档内容实现智能化的过滤，同时能减少网络管理员维护过滤系统的负担。神经网络是人工智能范畴中机器学习的一种应用，在许多技术中都有应用。

②异构信息整合与全息检索。异构信息检索技术发展的特点包括支持各种格式化文件，如TBXT、HTML、XML、RTF、MS Office、PDF、PS2/PS、MARC、ISO2709等处理和检索；支持多语种信息的检索；支持结构化数据、半结构化数据及非结构化数据的统一处理；和关系数据库检索的无缝集成以及其他开放检索接口的集成；等等。所谓"全息检索"的概念就是支持一切格式和方式的检索，从目前实践来讲，发展到异构信息整合检索的层面，基于自然语言理解的人机交互以及多媒体信息检索整合等方面尚有待取得进一步突破。

赵春林和经济学专家赵立晓合影

3. 人工智能在网络信息检索中的应用

人工智能在网络信息检索中的应用主要表现在如何利用计算机软硬件系

Part 4　人工智能的应用领域

统模仿、延伸与扩展人类智能的理论、方法和技术。目前，人工智能在网络信息检索领域的应用主要是在以下两个方面：

一是网络智能知识服务系统。网络智能知识服务系统的设计开发，是专门为了解决目前网络信息资源浩瀚而获取难的矛盾。网络智能知识服务系统可分为知识采集系统、智能知识处理系统、智能知识服务系统和知识库四部分。

二是智能代理技术。智能代理技术起始于20世纪80年代，是人工智能技术的一个重要研究领域。目前，国外很多大学、研究机构和诸多信息技术公司都在从事智能代理技术研究，并且有些智能代理产品或嵌入智能代理技术的产品已经投入使用，这些情况表明发展智能代理技术是一个趋势，它将是克服现有网络检索问题的有效手段。

人工智能技术的发展是时代对社会智能化需求的体现，而人工智能与信息检索的结合则是人们对信息获取智能化的有益尝试。在信息检索系统中纳入人工智能技术将使传统的信息检索系统具有更好的用户界面、更高的检索效率和更丰富的检索手段。人工智能技术的引入正在使传统的信息检索系统发生巨大的变化。以二者作为结合点的智能信息检索系统，也将随着这两个方面研究的不断发展而更加完善、强大。

第四节 智能控制

智能控制是在人工智能及自动控制等多学科之上发展起来的一门新兴、交叉学科，它具有非常广泛的应用领域，如专家控制、智能机器人控制、智能过程控制、智能故障诊断及智能调度与规划等。智能控制系统的处理方法不再是传统的单一的数学解析模型，而是数学解析模型和知识系统相结合的广义模型，具有其自身的特点。

所谓"智能控制"，是通过定性与定量相结合的方法，针对对象环境和任务的复杂性与不确定性，有效自主地实现复杂信息的处理及优化决策与控制功能。AI在智能控制中的应用主要表现在以下几个方面。

1. 专家控制系统

专家控制是智能控制的一个重要分支，又称专家智能控制，其实质是把专家系统的理论和技术同控制理论、方法与技术相结合，在未知环境下，仿效专家的智能，实现对系统的控制。基于专家控制的原理所设计的系统称为专家控制系统。

专家控制系统和专家系统之间有很大的差别：

专家系统只能模拟人类专家解决领域问题，并协助用户进行工作。专家系统以知识为基础进行推理，其结果为新知识项或对原知识项的变更知识项。而专家控制系统能够独立并自动地对控制作用做出决策，其推理结果可能是变更的知识项，或是启动（执行）某些控制算法。

专家系统通常以离线方式工作，而专家控制系统则需要获得在线动态信息，并能对系统进行实时监控。

按照系统结构的复杂性可以把专家控制分为两种形式：专家控制系统和专家控制器。前者系统结构比较复杂，具有较好的技术性能，但研制代价较高，常用于需要较高技术的装置或过程；后者结构比较简单，技术性能可满足工业过程控制的一般要求，由于研制代价低，因而获得比较广泛的应用。

2. 模糊控制系统

人的思维以及人类对事物的认识都是定性的、模糊的和非精确的，因而将模糊信息引入智能控制具有现实的意义。其控制策略实现的基本思想：首先将输入信息模糊化，利用一系列的"IF（条件）THEN（作用）"形式表示的控制规律；然后经模糊推理规则，给出模糊输出，再将模糊指令量化，控制操作变量。模糊控制不需要精确的数学模型，是解决不确定性系统控制的一种有效途径，但它对信息简单模糊的处理将导致系统控制精度的降低和动态品质变差。若要提高精度则要求增加量化级数，从而导致规则搜索范围的扩大，降低决策速度。

3. 神经网络控制系统

神经网络系统是利用工程手段，模拟人脑神经网络的结构和功能的一种技术系统，是一种大规模并行的非线性动力学系统。神经网络具有的非线性映射能力、并行计算能力、自学习能力以及较强的鲁棒性等优点已广泛地应用于控制领域，尤其是非线性系统领域。

神经网络控制是研究和利用人脑的某些结构机理以及人的知识和经验对系统的控制，采用神经网络，控制问题可以看成模式识别问题，被识别的模式是映射成"行为"信号的"变化"信号。由于神经网络控制系统具有自适应能力和自学习能力，因此适合用于复杂系统智能控制的研究工具。它的优势在于：

——能够充分逼近任意复杂的非线性系统。

——能够学习与适应严重不确定性系统的动态特性。

——由于大量神经元之间广泛连接，即使有少量单元或连接损坏，也不影响系统的整体功能，表现出很强的鲁棒性和容错性。

——采用并行分布处理方法，使得快速进行大量运算成为可能。

4. 混沌控制系统

混沌运动是一种貌似无规则的运动，是非线性动力学系统所特有的一种运动形式，它广泛存在于自然界，如物理学、化学、生物学、地质学以及技术科学、社会科学等多种学科领域。混沌控制现在被理解为从混沌态到有序态之间的相互转换。它是混沌理论与控制理论相交叉而产生的一个新的研究领域。混沌控制的目标可以分为两类：一类是当混沌有害时，抑制混沌动力学行为；另一类是当混沌有用时，特意产生或加强混沌动力学行为，即所谓的"混沌反控制"。

混沌系统通常都有三个特征：初值敏感、拓扑传递和稠密的周期轨道。实现混沌系统控制的思想：当混沌轨道遍历地经过镶嵌在混沌吸引子上的期望周期轨道附近小邻域时，借助于参数的微小扰动将轨道驱动到混沌系统的不稳定周期轨道上去，并沿此周期轨道向下运动，进而实现混沌系统的控制。基于上述思想，1990年，美国马里兰大学的E. Ott、C. Grebogi和J.A. Yorke提出了著名的OGY方法，它使人们认识到混沌运动是可以控制的。OGY方法为混沌电路控制、保密通信、光学系统控制和流体湍流等问题的研究开辟了道路。

智能控制的应用领域已从工业生产渗透到生物、农业、地质、军事、空间技术、环境科学、社会发展等众多领域，在世界各国的高技术研究发展计划中，有其重要的地位。由于这些任务的牵引，相信智能控制必将在控制理论的发展中引起一次新的飞跃。

第五节 视网膜识别和虹膜识别

1. 视网膜识别

视网膜是眼睛底部的血液细胞层。视网膜扫描是采用低密度的红外线去捕捉视网膜的独特特征,血液细胞的唯一模式就因此被捕捉下来。

视网膜也是一种用于生物识别的特征,有人甚至认为视网膜是比虹膜更独特的生物特征,视网膜识别技术要求激光照射眼球的背面以获得视网膜特征的唯一性。

虽然视网膜扫描的技术含量较高,但视网膜扫描技术可能是最古老的生物识别技术,在20世纪30年代,通过研究就得出了人类眼球后部血管分布唯一性的理论。进一步的研究表明,即使是孪生子,这种血管分布也是具有唯一性的,除了患有眼疾或者严重的脑外伤,视网膜的结构形式在人的一生当中都相当稳定。

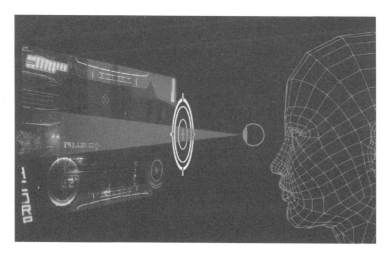

2. 虹膜识别

人的眼睛结构由巩膜、虹膜、瞳孔三部分构成。虹膜是位于黑色瞳孔和白色巩膜之间的圆环状部分，其包含有很多相互交错的斑点、细丝、冠状、条纹、隐窝等细节特征。这些特征决定了虹膜特征的唯一性，同时也决定了身份识别的唯一性。

虹膜的形成由遗传基因决定，人体基因表达决定了虹膜的形态、生理、颜色和总的外观。人发育到8个月左右，虹膜就基本上发育到了足够尺寸，进入了相对稳定的时期。除非极少见的反常状况、身体或精神上大的创伤才可能造成虹膜外观上的改变，虹膜形貌可以保持数十年没有多少变化。另外，虹膜是外部可见的，但同时又属于内部组织，位于角膜后面。要改变虹膜外观，需要非常精细的外科手术，而且要冒着视力损伤的危险。虹膜的高度独特性、稳定性及不可更改的特点，是虹膜可用作身份鉴别的物质基础。

在包括指纹在内的所有生物识别技术中，虹膜识别是当前应用最为方便和精确的一种。虹膜识别技术被广泛认为是21世纪最具有发展前途的生物认证技术，未来的安防、国防、电子商务等多种领域的应用，也必然会以虹膜识别技术为重点。这种趋势已经在全球各地的各种应用中逐渐开始显现出来，市场应用前景非常广阔。

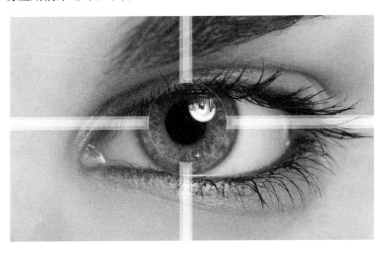

Part 4　人工智能的应用领域

●●●第六节　掌纹识别●●●

掌纹识别是近几年提出的一种较新的生物特征识别技术。掌纹是指手指末端到手腕部分的手掌图像，其中很多特征可以用来进行身份识别，如主线、皱纹、细小的纹理、脊末梢、分叉点等。掌纹识别也是一种非侵犯性的识别方法，用户比较容易接受，对采集设备要求不高。

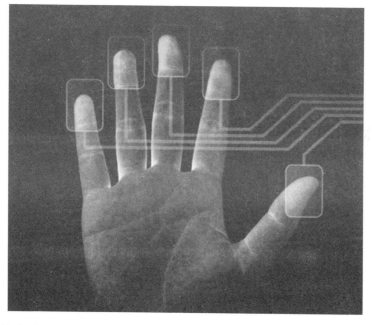

掌纹中最重要的特征是纹线特征，而且这些纹线特征中最清晰的几条纹线基本上是伴随人的一生不发生变化的，并且在低分辨率和低质量的图像中仍能够清晰地辨认。

点特征主要是指手掌上所具有的和指纹类似的皮肤表面特征，如掌纹乳突纹在局部形成的奇异点及纹形。点特征需要在高分辨率和高质量的图像中获取，因此对图像的质量要求较高。

纹理特征，主要是指比纹线更短、更细的一些纹线，但其在手掌上分布是毫无规律的。掌纹的特征还包括几何特征，如手掌的宽度、长度和几何形状，以及手掌不同区域的分布。

掌纹中所包含的信息远比一枚指纹包含的信息丰富，利用掌纹的纹线特征、点特征、纹理特征、几何特征完全可以确定一个人的身份。因此，从理论上讲，掌纹具有比指纹更好的分辨能力和更高的鉴别能力。

第七节 专家系统

专家系统是一个智能计算机程序系统，其内部含有大量的某个领域专家水平的知识与经验，能够利用人类专家的知识和解决问题的方法来处理该领域问题。也就是说，专家系统是一个具有大量的专门知识与经验的程序系统，它应用人工智能技术和计算机技术，根据某领域一个或多个专家提供的知识和经验，进行推理和判断，模拟人类专家的决策过程，以便解决那些需要人类专家处理的复杂问题。简而言之，专家系统是一种模拟人类专家解决领域问题的计算机程序系统。

专家系统是人工智能中最重要的也是最活跃的一个应用领域，它实现了人工智能从理论研究走向实际应用、从一般推理策略探讨转向运用专门知识的重大突破。专家系统是早期人工智能的一个重要分支，它可以看作是一类具有专门知识和经验的计算机智能程序系统，一般采用人工智能中的知识表示和知识推理技术来模拟通常由领域专家才能解决的复杂问题。

专家系统的发展已经历了3个阶段，正向第四代过渡和发展。第一代专家系统(dendral、macsyma等)以高度专业化、求解专门问题的能力强为特点,但在体系结构的完整性、可移植性、系统的透明性和灵活性等方面存在缺陷,求解问题的能力弱。第二代专家系统(mycin、casnet、prospector、hearsay等)属单学科专业型、应用型系统,其体系结构较完整,移植性方面也有所改善,而且在系统的人机接口、解释机制、知识获取技术、不确定推理技术、增强专家系统的知识表示和推理方法的启发性、通用性等方面都有所改进。第三代专家系统属多学科综合型系统,采用多种人工智能语言,综合采用各种知识表示方法和多种推理机制及控制策略,并开始运用各种知识工程语言、骨架系统及专家系统开发工具和环境来研制大型综合专家系统。

赵春林获得"中国长城创新人物"称号

在总结前三代专家系统的设计方法和实现技术的基础上,已开始采用大型多专家协作系统、多种知识表示、综合知识库、自组织解题机制、多学科协同解题与并行推理、专家系统工具与环境、人工神经网络知识获取及学习机制等最新人工智能技术来实现具有多知识库、多主体的第四代专家系统。

第八节 自动规划

自动规划是一种重要的问题求解技术，与一般问题求解相比，自动规划更注重于问题的求解过程，而不是求解结果。此外，规划要解决的问题，如机器人世界问题，往往是真实世界问题，而不是比较抽象的数学模型问题。与一些求解技术相比，自动规划系统与专家系统均属高级求解系统与技术。

规划是一种重要的问题求解技术，它从某个特定的问题状态出发，寻求一系列行为动作，并建立一个操作序列，直到求得目标状态为止。

规划可用来监控问题求解过程，并能够在造成较大的危害之前发现差错。规划的好处可归纳为简化搜索、解决目标矛盾以及为差错补偿提供基础。

第九节 3D打印

麦肯锡近期的一份报告预测，到2025年将有更多企业采纳3D打印技术，并将焦点转向产品的个性化。随着时间推移，价值链中的竞争优势来源将会改变，设计以及消费者网络将成为核心。

3D打印，即快速成型技术的一种，它是一种以数字模型文件为基础，运用粉末状金属或塑料等可黏合材料，通过逐层打印的方式来构造物体的技术。

Part 4　人工智能的应用领域

　　3D打印通常是采用数字技术材料打印机来实现的，常在模具制造、工业设计等领域被用于制造模型，后逐渐用于一些产品的直接制造，已经有使用这种技术打印而成的零部件。该技术在珠宝、鞋类、工业设计、建筑、工程和施工（AEC）、汽车、航空航天、牙科和医疗产业、教育、地理信息系统、土木工程、枪支以及其他领域都有所应用。

　　随着"中国制造2025"规划的稳步推进，"中国智造"将强势崛起，在智能制造如火如荼发展的背景下，3D打印能够有效地与大数据、云计算、机器人、智能材料等多项先进技术结合，实现"材料—设计—制造"的一体化，未来必将成为高端装备制造行业关键环节，它将革命性地改变制造方式和产业，乃至生产力和生产关系，中国制造业有望借助3D打印技术，在高端制造领域占据先机。

Part 5
人工智能的未来发展方向

随着科技的高速发展,人类的智慧已经在发挥着不可估量的作用,人工智能也在时代潮流下获取了飞速的发展,未来更是前景可期。

领航人工智能

●●●第一节 智能聊天机器人●●●

聊天机器人（也可以称为语音助手、聊天助手、对话机器人等）是目前非常热的一个人工智能研发与产品方向。很多大的互联网公司重金投入研发相关技术，并陆续推出了相关产品，比如苹果Siri、微软Cortana与小冰、Google Now、百度的"度秘"、亚马逊的蓝牙音箱Amazon Echo内置的语音助手Alexa、脸书推出的语音助手M、Siri创始人推出的新型语音助手Viv等。

为何老牌互联网公司和很多创业公司都密集地在聊天机器人领域进行投入？其实根本原因在于大家都将聊天机器人定位为未来各种服务的入口，尤其是移动端APP应用及可穿戴设备场景下提供各种服务的服务入口，这类似于Web端搜索引擎的入口作用。将来很可能通过语音助手绕过目前的很多APP直接提供各种服务，比如查询天气、订航班、订餐、智能家居的设备控制、车载设备的语音控制等，目前大多采用独立APP形式来提供服务，而将来很多以APP形式存在的应用很可能会消失不见，直接隐身到语音助手背后。作为未来各种应用服务的入口，其市场影响力毫无疑问是巨大的，这就是为何这个方向如此火热的根本原因，大家都在为争夺未来服务入口而提前布局与竞争，虽然很多公司并未直接声明这个原因，但其目的是显而易见的。

1. 聊天机器人的类型

目前市场上有各种类型的机器人，比如有京东JIMI这种客服机器人、儿童教育机器人、小冰这种娱乐聊天机器人、Alexa这种家居控制机器人、车载控制机器人、Viv这种全方位服务类型机器人等。这是从应用方向角度来对聊天机器人的一种划分。

如果对其应用目的或者技术手段进行抽象分析，可以有以下两种划分方法：

一是目标驱动（Goal-Driven）VS无目标驱动（Non-Goal Driven）聊天机器人。目标驱动的聊天机器人指的是聊天机器人有明确的服务目标或者服务对象，比如客服机器人、儿童教育机器人、类似Viv的提供天气、订票、订餐等各种服务的服务机器人等。这种目标驱动的聊天机器人也可以称作特定领域的聊天机器人。

无目标驱动聊天机器人指的是聊天机器人并非为了特定领域服务目的而开发的，比如纯粹聊天或者出于娱乐聊天目的以及计算机游戏中的虚拟人物的聊天机器人都属于此类。这种无明确任务目标的聊天机器人也可以称为开放领域的聊天机器人。

二是检索式 VS 生成式聊天机器人。检索式聊天机器人事先存在一个对话库，聊天系统接收到用户输入句子后，通过在对话库中以搜索匹配的方式进行应答内容提取，很明显这种方式对对话库要求很高，需要对话库足够大，能够尽量多地匹配用户问句，否则会经常出现找不到合适回答内容的情形，因为在真实场景下用户说什么都是可能的，但是它的好处是回答质量高，因为对话库中的内容都是真实的对话数据，表达比较自然。

生成式聊天机器人则采取不同的技术思路，在接收到用户输入句子后，采用一定技术手段自动生成一句话作为应答，这个路线的机器人的好处是可能覆盖任意话题的用户问句，但是缺点是生成应答句子质量很可能会存在问题，比如可能存在语句不通顺、有句法错误等看上去比较低级的错误。

赵春林接受美国大学荣誉博士证书

2. 好的聊天机器人应该具备的特点

一般而言，一个优秀的开放领域聊天机器人应该具备如下特点：

首先，针对用户的回答或者聊天内容，机器人产生的应答句应该和用户的问句语义一致并逻辑正确，如果聊天机器人答非所问或者不知所云，或老是回答说"对不起，我不理解您的意思"，对于聊天机器人来说无疑是毁灭性的用户体验。

其次，聊天机器人的回答应该是语法正确的。这个看似是基本要求，但是对于采用生成式对话技术的机器人来说其实要保证这一点是有一定困难的，因为机器人的回答是一个字一个字生成的，如何保证这种生成的若干个字是句法正确的，其实并不容易做得那么完美。

再次，聊天机器人的应答应该是有趣的、多样性的而非沉闷无聊的。尽管有些应答看上去语义上没有什么问题，但是目前技术训练出的聊天机器人很容易产生"安全回答"的问题,就是说,不论用户输入什么句子,聊天机器人总是回答"好啊""是吗"等诸如此类看上去语义说得过去,但是给人很无聊感觉的答复。

最后,聊天机器人应该给人"个性表达一致"的感觉。因为人们和聊天机器人交流,从内心习惯还是将沟通对象想象成一个人,而一个人应该有相对一致的个性特征,如果用户连续问两次"你多大了",而聊天机器人分别给出不同的岁数,那么会给人交流对象精神分裂的印象,这即是典型的个性表达不一致。而好的聊天机器人应该对外体现出各种基本背景信息以及爱好、语言风格等方面一致的回答。

3. 几种主流技术思路

随着技术的发展,对于聊天机器人技术而言,常见的几种主流技术包括:基于人工模板的聊天机器人、基于检索的聊天机器人、基于机器翻译技术的聊天机器人、基于深度学习的聊天机器人。

赵春林拜访于光远教授

基于人工模板的技术通过人工设定对话场景,并对每个场景写一些针对性的对话模板,模板描述了用户可能的问题以及对应的答案模板。这个技术路线的优点是精准,缺点是需要大量人工工作,而且可扩展性差,需要一个场景一个场景去扩展。应该说目前市场上各种类似于Siri的对话机器人都大量使用了人工模板的技术，主要是其精准性是其他方法还无法比拟的。

基于检索技术的聊天机器人则走的是类似搜索引擎的路线，事先存储好对话库并建立索引，根据用户问句，在对话库中进行模糊匹配找到最合适的应答内容。

基于机器翻译技术的聊天机器人把聊天过程比拟成机器翻译过程，就是说将用户输入聊天信息Message，然后聊天机器人应答Response的过程看作把Message翻译成Response的过程，类似于把英语翻译成汉语。基于这种假设，就完全可以将统计机器翻译领域里相对成熟的技术直接应用到聊天机器人开发领域来。

基于深度学习的聊天机器人其基本思路如下：聊天机器人系统可以定义不同身份、个性及语言风格的聊天助理，个性化信息通过Word Embedding的表达方式来体现，在维护聊天助手个性或身份一致性的时候，可以根据聊天对象选择某种风格、身份的聊天助手，这样就可以引导系统在输出时倾向于输出符合身份特征的个性化信息。这也应是智能聊天机器人大力发展的方向。

第二节　智能无人驾驶

说到智能汽车，人们的理解可能是多样的。但是用一种不是十分严格的定义来看，智能汽车无非就是一个高技术的集成，或者说是智能化集成的综合体，集环境感知、规划决策、多等级的辅助驾驶等功能于一体。从技术角度看，智能汽车集中运用了计算机现代传感、信息融合、通信、人工智能以及自动控制技术，是一个典型的高技术综合体。

Part 5　人工智能的未来发展方向

1. 全天候无人驾驶短期内无法实现

对于智能汽车阶段的划分，国际上比较公认的是美国国家高速公路管理局所做的界定：0、1、2、3、4，共五个等级。最低级0级实际上就是现在的普通汽车，没有什么智能化技术在其中；1级是具有简单功能的智能化，通过驾驶者综合控制车辆行驶及路况监视系统，单一的辅助驾驶功能得以发挥作用，如电子程序控制ESC系统、自动巡航控制ACC系统、自动刹车辅助AEB系统、车道保持辅助LKA系统等；2级是具有复合功能的智能化，驾驶者仍然需要始终负责路况监视，系统同时完成至少2种辅助驾驶功能，横纵向联合控制车辆，如自动巡航控制ACC系统与车道保持辅助LKA或自动泊车辅助IPA系统的结合等；3级是具有限制条件的无人驾驶，此时的驾驶者已经无须一直监视路况，系统可实现特殊工况下车辆的完全控制，如谷歌已经研制出的自动驾驶汽车，其他如限制在一定区域内行驶的工厂、田园中的自动驾驶车辆等；最高级别4级就是全工况下的无人驾驶汽车，此时驾驶者可以完全不用监视或操控路况以及车辆的状态，仅需输入目的地和路径即可，由系统完全控制车辆完成自动驾驶任务。

实际上，目前市场上大多数较为豪华的中高端车辆，已经具备了2级复合智能化的能力，如沃尔沃的城市安全CitySafety系统以及奥迪的防碰撞系统，其整个防碰撞系统基本上分为四个阶段,第一是发出预警,关闭侧窗和天窗,并张紧安全带;第二是发出强烈报警,并点亮制动尾灯,以防后方车辆追尾;第三和第四阶段则分别采取不同强度的制动措施来完成控制车辆速度或直至车辆完成停下。

从事智能汽车研究多年的上海交通大学汽车工程研究院副院长殷承良认为,虽然说全面的无人驾驶可能还需要10多年的时间,但是第3级有限制的区域内无人驾驶,现在一些公司的研究已具雏形,5年之内完全实现商业化绝对没有问题。其他一些专家的观点与其基本相似,普遍认为全天候的无人驾驶在10年之内大概是实现不了的,因为达到这一最高阶段的智能化并不完全是车辆本身可以解决的问题,它需要整个社会环境的信息感知与交互的全面解决方案。

2. 相互融合发展实现阶段性目标

在"中国制造2025"中,已经明确把智能制造作为两化深度融合的主攻方向,着力发展智能装备和智能产品,把节能与新能源汽车作为十大重点突破发展领域之一。

工信部原总工程师朱宏任认为,在"中国制造2025"中,已经对智能汽车、汽车智能化发展给出了明确的要求。其中,有两个渐进的阶段性目标,一是到2020年,要掌握智能辅助驾驶的总体技术及各项关键技术,另外要初

Part 5　人工智能的未来发展方向

步建立智能网联汽车自主研发体系及生产配套体系；二是到2025年，掌握自动驾驶总体技术及各项关键技术，建立较完善的智能网联汽车自主研发体系、生产配套体系及产业群，基本完成汽车产业转型升级的发展目标。

可以说，智能汽车的发展方向即终极目标已经基本清晰，须经历两个发展阶段。首先是实现智能汽车的初级阶段，即辅助驾驶阶段，最终实现智能汽车发展的终极阶段，即完全替代人类的无人驾驶。

既然总体目标已经明确，接下来就是怎样干的问题。由于智能汽车发展横跨多个行业和诸多学科，应在掌握智能汽车的概念、分类、层级的基础上，加强统筹规划和顶层设计，研究制订智能汽车正确的发展战略，明确智能汽车发展目标和主要任务。

中国汽车技术研究中心副主任吴志新博士也非常赞成顶层设计的提法，他认为最先行的应该是标准，在诸如网络接口、车辆对外接口、对各种信息源的接口等，这些标准需要由国家牵头来搞，这样能够给智能车辆的开发创造出一个标准化的良好环境。否则，如果每家企业对外接口都不一样，传输数据格式也不相同，未来V2V就很难实现。

赵春林考察宁夏平罗太沙工业园

来自中国移动研究院的首席科学家杨景指出，不仅汽车需要智能化，道路也要智能化，移动计算和工业互联网也要建设起来。实际上，到2025年时，结合"中国制造2025"，中国的整个交通格局会发生巨大的变化，汽车也会发生巨大变化，各种技术不断进步，整个社会会因为汽车和交通的变化产生巨大的影响，其中，车联网在中间发挥了巨大作用。

第三节　智能医疗

近年来，人工智能成为热门风口，AI技术的革新正改变着人们生活的方方面面。特别是在医疗领域，从医学影像、辅助诊疗到健康管理、虚拟助手等，医疗链条的各个环节上都出现了人工智能技术的身影。而人工智能与医疗领域的牵手也为医生和患者们送去了福音。

目前，AI技术在医疗领域的推进引发国内外各界的重视和关注，不少企业和科研机构开始加速在智慧医疗领域的布局。从国内来看，百度、阿里、腾讯三家利用深厚的大数据背景开始在医疗领域短兵相接。从2016年百度推出"百度医疗大脑"以来，阿里、腾讯也都不甘示弱，纷纷在2017年推出医疗领域的人工智能产品。拥有海量数据储存能力的"现代华佗"，又能给行

Part 5 人工智能的未来发展方向

业带来哪些惊喜?

百度在2016年10月份推出了百度医疗大脑。3个月前,由阿里健康研发的医疗AI "Doctor You"正式发布,而这两种"大脑"其实最终指向都是未来承担医生助手的角色。紧随其后,2017年8月,腾讯发布了首个医疗AI产品"腾讯觅影",将食管癌早期筛查作为首个进入临床预试验的项目。

阿里健康资深架构师范绎介绍,以肺结节检测为例,在人工智能技术的帮助之下,可以大大提高医生的工作效率。举例来说,差不多每9千张影像人工智能只需要30分钟即可完成,而传统的差不多需要4名医生花费50~180分钟时间。如果用机器效率是前者的5~6倍,准确率也在90%以上。

范绎表示,技术可以作为一种补充来帮助医生克服工作中遇到的困难。"首先医生也可能存在疲劳、精力不集中的时候,机器是没有这个问题的。其次,通过AI的一些方式,帮医生来做初筛,工作的强度就会降下来,人体的效率就会提升起来。"

此外,这样的技术也开始走出实验室,慢慢进入寻常医院,搭建在安徽省立医院的人工智能医学影像辅助诊断系统对肺部影像的诊断准确率达到94%,已经具备三甲医院医生诊断乳腺癌和肺癌的水平,安徽省立医院影像科副主任医师韦炜介绍:"像这样的2号结节在CT影像上非常容易被人眼漏诊,但是系统检测非常灵敏,同时系统还可以测定结节最大直径、体积以及CT值,对其良恶性做出初步判断。"

目前,安徽省立医院智慧医疗应用平台正在逐步与城市医联体、县域医共体等平台对接,实现远程医学会诊、分级诊疗、在线问诊、慢病管理,人工智能技术在帮助医生提高效率的同时,也能够提高我国基层医疗水平。人工智能可以让优秀的三甲医院医生提高工作效率,也能够让基层医生获得来自专家医生的意见指导,提高诊疗水平,这将大大改善当前我国医疗资源不足、优质医疗资源分布不均等现状。

虽然人工智能的介入能够缓解医生的工作压力、提升患者的诊疗体验，但仍然有不少人对人工智能与医疗领域的牵手持怀疑态度。

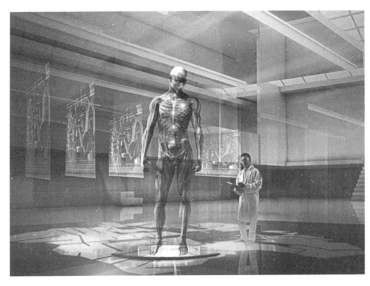

医生会不会因此失业，这样的一场讨论仍旧是老套路，有人质疑，但开发者强调不存在替代情况。范绎解释说，人工智能+医疗目前的目标仍旧是帮助医生，缓解老百姓"看病难"的问题。"希望通过AI资源、工具的介入，帮助医生处理更多的医疗场景和服务的病人量，这是目前的一个核心方向。"

然而随着人工智能技术在医疗领域的发展，有人将它称为"现代华佗"，更将其所能带来的变革与工业革命相类比，能对整个社会体系产生巨大的影响与挑战。特别是人工智能赖以生存的大数据，更是各个平台公司争夺的重点。所谓"得数据者得天下"，但人体健康数据毕竟不同于其他，究竟该如何保护，也被提上了讨论的议程。

互联网专家王越认为："现在涉及的数据更加敏感，关系到人的生命健康。历史经验告诉我们，如果只是依靠一个公司或者大平台，哪怕它是非常有社会公德、职业道德的商业企业，毕竟它以营利为目的，肯定在内部的用户保护方面跟不上追求盈利的步伐，所以在发展人工智能医疗的时候，政府相关机构、政策制定者应该借鉴此前新经济发展的经验，先行考虑如何制定相应的标准、保障的机制。"

不只是大数据,尽管关于人工智能的未来仍有一些不确定、乃至伦理与法理问题的存在,但是或许有一天我们能幻想这样一个未来,当身体感觉不舒服时会有机器人自动为自己做检查,并马上出具详尽而准确的分析报告及诊疗建议,而这一切可能距离我们已经并不遥远。

第四节　智能教育

人工智能时代究竟离我们还有多远,人工智能将会对人们的生活带来多大的改变,人工智能会不会颠覆现在的产业结构?事实上,人工智能技术已经或正在颠覆性地改变着许多行业和领域。曾有专家预断,人工智能最有可能颠覆的两大知识密集型领域,教育就是其中之一。

1. 互联网的颠覆

互联之所以伟大，在于它在另一个层面上颠覆了传统，所以才会有互联网教育逐渐颠覆传统教育。互联网教育除了以内容、人为核心的竞争，还加入了模式、产品等维度竞争。在新的维度里，才有机会打破已有的行业壁垒。

虽然火热的互联网教育在模式及内容探索上呈现出百家争鸣之态，不过却没有突围而出者。许多在线机构也只是单纯把线下体系搬到线上，直播+录播模式的相互穿插是现在比较成熟的在线模式。再完善一点的模式，不外乎加多了社交元素，在线分享，在线互动环节，但远远没达到惊喜的境界。

现在互联网教育就像早期的雅虎，通过人工堆砌内容，单纯地把线下模式搬到线上。但是，互联网解决的不单纯是连接方式，更多的还有习惯、效率、技术，因此给了谷歌技术性翻身的机会，PR算法的伟大之处在于它摆脱了人工干预，这就是互联网的奇妙之处。人工智能及机器学习为新来者打开了一扇门，人与机器的"恋爱"，便产生了真正的奇迹。人工化只能解决当前的问题，随着互联网教育发展的不断深入，对于大数据的分析及处理，人则力不从心。因此，就会产生人工+智能的双向分工。人，负责个性化纵向问题解决；智能，负责海量数据处理，根据算法做出精准的海量操作，同时也给人更好的策略。

2. 技术才是变革的本源

互联网教育还迷惘、没领头、没清晰模式的时候，专注课程内容是一种安全的方式。当下主打课程内容的MOOC模式已经形成多头的格局，并且掀起了国内其他平台机构的跟进。另外，知识谱图的应用大大提高了学习者的效率。对于结构化的知识，可以轻易地进行优化和处理，通过层次结构和映射关系为学生提供最优的学习路径，结构化可以细致到每个单元和每个知识点。

当然，对于结构化的知识可以通过人工的归类，但是对于职业教育等非结构化的体系，则需要人工智能挖掘内在关系，并且对不同学生进行内容匹配。非结构化的知识隐藏着不同的维度，所以需要系统数据挖掘和机器学习，来得到现实的知识库。如邢帅教育已经着手专家知识系统的打造和学习系统的底层建立，把自家海量学员长期形成的教学过程数据化，再通过算法进行机器挖掘，力求打造基于社交、教学、反馈、学习、知识库、排序推荐等一体的自动化智能系统，意在建立互联网教育的"Matrix体系"。

技术才是探索模式进化的根本。在互联网时代中，随着大数据及海量操作的产生，为人工智能和机器学习提供了客观基础。人工智能虽然还没达到变革的地步，但应用在互联网教育上已经绰绰有余。

3. 人工智能与教育的结合点

假如把传统的学习方式比作是"虎"，那么人工智能则是给了这只"虎"一双翅膀，"虎"在添翼之后会如何施展它的功力，这是值得进一步探讨的。

自动批改作业。计算机科学家乔纳森（Jonathan）研发了一款可进行英语语法纠错的软件，不同于其他同类型软件的是，它能够联系上下文去理解全文，然后做出判断，例如各种英语时态的主谓一致、单复数等。它将提高英语翻译软件或程序翻译的准确性，解决不同国家之间的交流问题。语音识别和语义分析技术的进步，使得自动批改作业成为可能，对于简单的文义语法机器可以自动识别纠错，甚至是提出修改意见，这将会大大提高老师的教学效率。

拍照搜题的在线答疑。2014~2015年投资比较火爆的拍照搜题软件，如学霸君、作业帮等，这类软件都是借助了智能图像识别技术，学生遇到难题时只需要用手机拍成照片上传到云端，系统在1~2秒内就可以反馈出答案和解题思路，而且这类软件不仅能识别机打题目，手写题目的识别正确率也越来越准,目前达到了70%以上,大大提高了学生的学习效率。

语音识别测评。语音识别技术在教育上的应用,目前主要用于英语口语测评上,科大讯飞、清睿教育、51Talk开发出的语音测评软件,都能在用户跟读的过程中,很快对发音做出测评并指出发音不准的地方,通过反复的测评训练用户的口语。

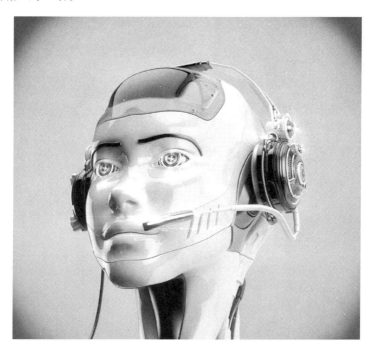

个性化学习。McGraw-Hill教育正在开发数字课程,准备相关的课程资料,它从200万学生中收集信息,利用人工智能为每个学生创建自适应的学习体验。当一个学生阅读材料并回答问题时,系统会根据学生对知识的掌握情况给出相关资料。系统知道应该考学生什么问题,什么样的方式学生更容易接受。系统还会在尽可能长的时间内保留学生信息,以便未来能给学生带来更多的帮助。

大数据可以描述每个学生的学习特性。根据伦敦一家研究机构的分析,人们的学习方法可以分为70种;而某机构的机器人已经积累了1300万名学生

Part 5 人工智能的未来发展方向

做过的8亿道题目,为个性化教学提供了充分的依据。

如果说今天课堂教学的主流方法是"从原理到应用",那么机器人的教学方法是"从案例到原理",并且是同时学习多个案例。事实证明,很多被原理绊脚的学生更适应于"从案例到原理"的学习方法。

对教学体系进行反馈和评测。试想一个场景,当某学生在查询自己的期末成绩的时候,他看到的不仅仅是一个简单的分数,还附有一份"诊断报告单"。通过这份报告,他不但可以了解到自己学科板块知识点和能力点的掌握情况,还能看到对自己的优势、劣势的学科分析。通过这些数据为每个学生进行"画像",从而找到提升成绩的方法。这就是借助大数据的帮助,通过对学生学习成长过程与成效的数据统计,诊断出学生知识、能力结构和学习需求的不同,以帮助学生和教师获取真实有效的诊断数据。学生可以清楚地看到问题所在,学习更高效;教师也可对症下药地针对具体情况,选择不同的教学目标和内容,实施不同的教学方式,进一步提高教与学的针对性、有效性和科学性。

4. 人工智能教育未来的展望

目前,人工智能技术在教育上的应用主要体现在图像识别和语音识别两个方面。这两个技术虽然得到了应用,但目前尚处于初级阶段,在技术和应用场景上还需要更多的探索。

人工智能将来要实现的是与人类的紧密贴合,甚至未来可以实现"思考即学习",那么连接人与知识的工具将不再是刚需。当然,我们也可以把机器人等人工智能产品看成工具,而这个工具足以让人们脱离在线学习的方式去学习。

未来的人们只需要一个机器人或者一款智能头盔就可以完成所有的学习。现在人类教学场景非常简单,互联网教育也仅仅通过图像、视频等多媒体的方式来表现教学知识点。在未来的人工智能教育时代,将实现虚拟现实立体型的综合教学模式。其实人机交互被认为是人工智能领域重要一环，未来教育不只是与老师交互，同时也可以与知识交互，每一个知识点都可以立体展现。想象一下电脑知道你学习的进程和特点，再给你一些刺激和激励，更聪明地提示你，这样开发了你的大脑，也让你获得了所需的知识。

无论人工智能发展到什么阶段，检索都是最基本的需求。几乎可以肯定的是，将来的搜索方式会脱离文字搜索，语音搜索与OCR识别技术正在迅速提升准确度，现在谷歌、苹果、百度都有这样的技术，只需要说一句话或者给个提示就可以展现出精确的结果。更智能的搜索基于意识搜索，大脑只要一想就可以出结果，这是当前机器学习与可穿戴设备领域都在探索的方向。

第五节　智能零售

人工智能和新零售，这两个近期火爆的热词的结合，会把我们未来的购物体验带向何方？

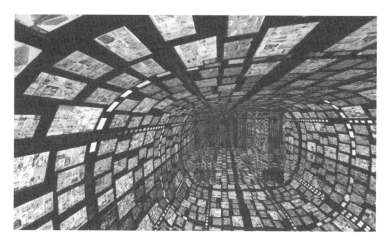

想象一下，在未来的某个奇妙的平行世界里，奥黛丽·赫本和玛丽莲·梦露同时走进一家精品时装店，门店会自动引导她们关注符合自己风格

Part 5　人工智能的未来发展方向

和品位的单品，从而以不同的动线逛完一家店，并且即使同样的服装，在她们阅读时也会显示出不同的描述方式，以适应她们不同的文化程度和关注点，并根据她们不同的反馈，做出关联推荐。

而当前，99%的零售店铺会给这两位女性提供完全一样的服务，因为在传统的零售市场分类里，她们年龄相仿（仅相差3岁）、职业类型、事业成就和收入规模都应当归入同一类人群，即高收入、高价值、高时尚品位女性客群。

但是众所周知，她们的体型、性格、文化程度、品味偏好迥异，她们应当有完全不同的服装购物体验，而这正是人工智能技术在未来零售体验中应用的发展方向。

过去的十几年中，零售行业经历了BI（Business Intelligence，商务智能）浪潮的进化，通过企业数据的整合快速提供商业决策报表，为企业决策做出参考。而在互联网商业的冲击下，互联网商业本身解决了消费和浏览行为数字化统计分析的问题，使得大数据浪潮的热度逐渐遮蔽了BI的光芒。而大数据浪潮如何在终端解决方案的落地，针对不同人群的个性化需求推出个性化的解决方案，则需要AI技术的深度融合。因此，新零售的体验必将经历人工智能化的过程。

那么，当前在新零售领域有哪些AI技术结合的尝试呢？

1. 虚拟试衣——搭配的人工智能化推荐

当前线上购物一大痛点在于无法直接抚摸、触碰到商品，消费者对于商品的认知来源于拍摄图片，无法即刻试穿试用。尤其是服装的网销，受尺码不统一和图片色差的影响，会导致退换货的问题。

近几年网络虚拟试衣技术的开发相当迅速，虚拟试衣解决的需求其实有两层，一层是"合身"，另一层是"搭配"。

早期的虚拟试衣因为技术的限制集中在"搭配"上，解决的核心需求是让用户看到不同服装单品搭配出来的效果。我们当前看到的大量虚拟试衣APP集中在这个领域，如每日新款、Every、衣恋时尚、天天试衣等。这类试衣APP大多采用标准模特身形，部分APP可实现换脸功能，将用户本身的头像简单拼接到模特头像中去，但目前的头像拼接技术还显得相当拙劣，因为用户自拍的角度各式各样，直接拼接到模特头像上看上去格外不自然。

搭配类虚拟试衣APP吸引用户的核心点在于——如何在浩瀚的网络服装库中找出特定用户可能会感兴趣的单品，唤起他们搭配的欲望，并推动他们下单。

当前主要采用的是大量展示明星同款的方式来吸引用户关注单品并进行搭配，而人工智能在这一类虚拟试衣中的应用则可以帮助APP快速准确地了解到用户的服装偏好，使得优先呈现给用户的是他们真正感兴趣的风格和产品。

美国一家专门做服装搭配订阅销售的公司Stitch Fix的人工智能化尝试如果与国内的虚拟试衣APP结合,则有可能产生全新的虚拟试衣商业模式。Stitch Fix的做法是让用户在网上填完关于体型、预算、穿衣风格之类的问卷之后,通过算法向用户每月发一个符合其风格和预算要求的服饰包裹,包括服装、鞋和配饰等。用户可留下喜欢的单品,不喜欢的单品在3天内退回,邮资由Stitch Fix负责。如果用户一件都没买,则需要自己支付20美元的退货邮资,同时根据退货情况优化算法,使得推介产品的购买率不断提高。

赵春林考察中央老干部养生基地

这虽然看上去是相当费时间和人力的算法优化模式,但大多数人倾向于避免退货的麻烦而留下单品,而如果一个包裹里面有1~2个令用户相当满意的单品或搭配,则会让用户的满意度相对较高,同时这个商业模式一次性卖出多件商品,确保了客单价的水平。

根据国外网络媒体相关报道,这一商业模式目前的接受度还不错,超过80%的用户在90天内会下第二单,近1/3的用户在Stitch Fix的消费超过了他们服饰类消费的50%份额。

对于国内大量的"搭配类"虚拟试衣APP来说，获取用户数据并进行算法优化的数据来源会更加方便。他们只需要让用户完成几款固定场景的搭配任务，并对后期APP自动推荐的搭配和单品进行喜好评价即可，算法优化后进行每日搭配推荐和月购套餐营销即可对当前的在线服装零售模式开展全新的尝试。

2. 虚拟试衣——合身的人工智能化效果实现

在搭配的基础上，我们也发现有越来越多的开发者在虚拟试衣上实现"合身"的试穿，如衣恋时尚、Metail、宜定时尚、好买衣虚拟试衣间等。

通过虚拟试衣对是否合身进行考量的难点在于既需要对消费者的身体进行建模，又需要对服装进行建模，二者匹配之后才能看出来实际效果。

首先是消费者身体数据的采集，当前大部分"合身型"虚拟试衣APP采用的是用户输入身体测量数据的方式对标准模特的身材进行调整。而这样的缺点在于填写和测量的前期工作较为烦琐，且不是完全精准。也有部分APP

探索通过手机拍照的方式进行推测性建模,但由于不同人拍照的角度差异,使得预测建模十分困难。

而这一问题在实体门店则更加容易解决,比如优衣库推出的魔镜系统,因为在实体门店中魔镜安装的角度是固定的,用户和镜子之间的距离可以方便地探测到,则可以做到较为精确的建模。因此可以预测未来"合身型"试衣的线上和线下链接点在魔镜这一环节,在实体门店线下采集用户身体数据建模后,可以便利地实现线上和线下的虚拟试衣。

虚拟试衣同时需要对服装进行建模,服装尺寸的标准化程度比较高,因此当前在固定人体模型姿势下的建模较为简单,难点在于在不同人体姿势下的服装替换。比如优衣库的魔镜,采用的是体感辨识系统及半反射镜荧幕科技,在同一款羽绒服的基础上实现变换颜色则相对简单,但如果想换的是连衣裙或衬衫,在当前的姿势和服装上则难以做到与人体的贴合了。

这一点的实现则需要人工智能的辅助,将体感辨识与不同材质、类型的服饰在不同姿势下的垂坠模式进行学习,才能够模拟出更加精确的效果。

3. 智能货架——铺货的人工智能化管理

如果关注零售终端的智能化管理领域,会发现尽管消费者支付方式发生了快速的迭代,从钞票支付到卡支付再到移动支付,但是店铺的铺货管理手段还停留在极其原始的阶段。今天大部分实体门店的铺货情况是通过神秘客走查或者巡店的方式进行管理的,而这个领域早已可以通过人工智能实现更有效的终端管理。

铺货问题的核心需求来源于厂商并不完全掌握销售终端的铺货情况,比如一家饮料厂商,他们的产品在不同超市的货架摆放情况如何,货架上没货了是否及时补货,促销信息是否及时传达给了消费者,这些表现与当季的销售表现有哪些关联,应该做出哪些调整,这些信息都需要通过神秘客走查或者巡店的方式获得,当前国内有一家叫"拍拍赚"的企业正尝试通过"神秘客监测+机器视觉识别"的方式来协助企业做销售渠道管理。但这样的缺陷在于信息收集的时间过长,反馈的速度太慢,并且监测的是片面性的局部数据而非全面数据。

而我认为,新一代零售的发展方向必将是货架的智能化。货架的智能化目前来看主要分三个方向:取货与支付的智能化绑定、电子化货物标签和铺货智能监测。

Amazon Go显然做的是第一个方向,即取货与支付的智能化绑定。它主要通过感知人与货架之间的相对位置和货架上商品的移动,来将取货和支付进行绑定,从而取消掉收银环节。

而在国内,另一类智能货架的发展方向是智能化电子标签。有报道称伊泰特伦帮波司登打造的智能货架系统,当顾客从货架上取下服装时,智能货架显示屏能够在2~3秒内显示产品相关信息,同时由于货物本身采用了射频技术吊牌,可以实现货品的实时盘点。

此外当线下产品电子标签化以后,更有利于厂商实时对线上和线下价格进行调整,未来线下促销活动的方式也将逐渐多样化,线上和线下渠道的打通则成为可能。

Part 5　人工智能的未来发展方向

除了以上两种智能货架发展方向，带摄像头的能够进行铺货监测的智能货架发展方向，恐怕对于零售管理的意义更加重大，能真正实现从决策人到销售重点的贯通管理。

当缺货或者货品信息展示不合规时可以发出相关警示，此外对用户的选择行为可以有大量的数据积累，从而可以结合人工智能技术进行本地化展陈优化。

赵春林为玉树灾区募捐演讲

4. 面部识别——店内定向营销的人工智能化

提到面部识别技术在新零售中的应用，很多人第一时间想到的是进店识别老客户的运用。但仅仅将这项技术用在辅助店员与顾客拉近关系上，显然不够直观有效，此外对喜欢声称自己有社交恐惧症，不愿与店员进行不必要互动的顾客来说也不是良好的体验。面部识别在新零售中更好的应用是店内定向广告营销和店内动线优化。

2013年Tesco就做过通过人脸识别播放定制化广告的尝试。顾客一般在收银台附近会停留等待较长时间，收银台附近的广告屏会对消费者脸部进行扫描，识别出各项面部特征，并根据算法得出年龄、性别等基本信息，从而根据情况推荐最具有说服力的护肤品。然而这项技术在近几年却没有看到进一步应用的报道，说明面部识别技术在新零售的应用在成本和隐私权上面还面临着较大的障碍，但一旦障碍突破，则可能形成定向广告巨大的商机。

从以上这些应用案例可以看出AI的应用使得BI的洞察更加准确和落地化，实现全新的零售客户体验，因此零售终端的人工智能化建设，必将是下一轮浪潮的主题。而人工智能技术在新零售体验中的应用，必将进一步推动深度定制购物体验的发展，深度定制体验则会带来用户使用的黏性。

第六节 智能城市建设

智能城市（Smart City）是一个系统，也称网络城市、数字化城市、信息城市，不但包括人脑智慧、电脑网络、物理设备这些基本的要素，还会形成新的经济结构、增长方式和社会形态。

北京工商大学世界经济研究中心主任季铸教授认为，智能城市是以效率、和谐、持续为基本坐标，以物理设备、电脑网络、人脑智慧为基本框架，以智能政府、智能经济、智能社会为基本内容的经济结构、增长方式和城市形态。

智能城市建设是一个系统工程。在智能城市体系中，首先城市管理智能化，由智能城市管理系统辅助管理城市，其次是包括智能交通、智能电力、智能建筑、智能安全等基础设施智能化，也包括智能医疗、智能家庭、智能教育等社会智能化和智能企业、智能银行、智能商店的生产智能化，从而全面提升城市生产、管理、运行的现代化水平。

智能城市是信息经济与知识经济的融合体，信息经济的电脑网络提供了建设智能城市的基础条件，而知识经济的人脑智慧则将人类智慧变为城市发展的动能。

智能城市研究始于智能建筑，20世纪80年代，智能建筑开始出现，成为2012年很多智能城市理论研究的重要部分。智能建筑逐渐由单体向区域化发展，从而发展成大范围建筑群和建筑区的综合智能社区。通过智能建筑、智能小区间广域通信网路、通信管理中心的连接，继而使整个城市发展成为智能城市。

智能城市为现代城市的可持续发展提供了最优解决方案。智能城市可以在政府行使经济调节、市场监管、社会管理和公共服务等职能的过程中，为其提供决策依据，使其更好地面对挑战，创造一个和谐的横式生活环境，促进城市的健康发展。

智能城市建设具有五大支撑系统：

一是信息基础设施。它是城市获取信息的基本能力，每个城市必须根据自身特点和发展方向，做整体思考。

二是城市基础数据库。一个城市的数字化程度，从源头上取决于城市基础数据库的容量、速度、便捷性、可更新能力和智能化水平，至少包括数字人口、土地、交通、管线、经济管理等内容。

三是电子政府和城市信息安全。电子政府能提高政府工作效率,提升施政水平,优化服务功能,它同时也是提高政府透明度和有效监督的重要工具。

赵春林在"复兴商界的中国精神"论坛上演讲

四是全方位的电子商务框架。电子商务系统的全方位、多等级和虚拟化建设,将具体体现未来城市发展的活力。

五是城市交通系统的智能化。城市智能交通系统是GIS、GPS和遥感等技术的有机结合。

智能城市不是一个纯技术的概念,它与"园林城市""生态城市""山水城市"一样,是对城市发展方向的一种描述,是信息技术、网络技术渗透到城市生活各个方面的具体体现。"智能城市"意味着城市管理和运行体制的一次大变革,为认识物质城市打开了新的视野,并提供了全新的城市规划、建设和管理的调控手段,从而为城市可持续发展和调控管理提供了有力的工具。此外,智能城市还将更好地体现出现代城市"信息集散地"的功能,意味着城市功能全面实现信息化,更好地促进城市人居环境的改善和可持续发展,随着城市信息化进程的推进,智能城市已开始步入我们的生活。

Part 6
人工智能的忧思

　　人工智能是对人类的意识、思维的信息过程的模拟。人工智能不是人类的智能，但能像人类那样思考，也可能超过人类的智能。

第一节 霍金：人工智能的发展可能意味着人类的终结

据每日邮报报道，英国物理学家史蒂芬·霍金（Stephen Hawking）在2016年6月接受美国王牌脱口秀主持人拉里·金（Larry King）采访时，宣称机器人的进化速度可能比人类更快，而它们的终极目标将是不可预测的。

在采访中，霍金表示出对人类未来的担忧。他说："我并不认为人工智能的进化必然是良性的。一旦机器人达到能够自我进化的关键阶段，我们无法预测它们的目标是否还与人类相同。人工智能可能比人类进化速度更快，我们需要确保人工智能的设计符合道德伦理规范，保障措施到位。"

随着人工智能的进化，机器人很可能独立地选择目标并开枪射击。全自动武器（又称杀人机器人）正从科幻电影变成现实。这并非霍金首次警告机器人存在的潜在危险。2015年，霍金就表示，随着技术的发展，并学会自我

Part 6 人工智能的忧思

思考和适应环境，人类将面临不确定的未来。

2016年年初，霍金也曾表示，成功创造人工智能可能是人类史上最伟大的事件，不幸的是，这也可能成为人类最后的伟大发明。他认为，数字个人助理Siri、Google Now以及Cortana都只是IT军备竞赛的预兆，未来数十年间将更加明显。

此前，他曾直言不讳地表达出对人工智能发展的担忧。霍金表示，邪恶阴险的威胁正在硅谷的技术实验室中酝酿。人工智能可能伪装成有用的数字助理或无人驾驶汽车以获得立足之地，将来它们可能终结人类。

2017年4月27日，2017全球移动互联网大会（GMIC）在北京国家会议中心举行，霍金通过视频发表了题为《让人工智能造福人类及其赖以生存的家园》的主题演讲。他再次表示，人工智能的崛起可能是人类文明的终结。他说："在我的一生中，我见证了社会深刻的变化。其中最深刻的，同时也是对人类影响与日俱增的变化，是人工智能的崛起。简单来说，我认为强大的人工智能的崛起，要么是人类历史上最好的事，要么是最糟的。我不得不说，是好是坏我们仍不确定。但我们应该竭尽所能，确保其未来发展对我们和我们的环境有利。我们别无选择。我认为人工智能的发展，本身是一种存在着问题的趋势，而这些问题必须在现在和将来得到解决。"

他认为，人工智能的威胁分短期和长期两种。短期威胁包括自动驾驶、智能性自主武器以及隐私问题；长期担忧主要是人工智能系统失控带来的风险，如人工智能系统可能不听人类指挥。

他还认为，生物大脑和计算机在本质上是没有区别的。这与英国物理学家罗杰·彭罗斯（Rojer Perose）的观点恰恰相反，后者认为作为一种算法确定性的系统，当前的电子计算机无法产生智能。

不过，霍金也表示，虽然他对人工智能有各种担忧，但他对人工智能技术本身还是抱有乐观的态度。他认为人工智能带来的收益是巨大的，人类借助这一强大的工具，或许可以减少工业化对自然的伤害。"但我们不确定我们是会被智能无限地帮助，还是被无限地边缘化，甚至毁灭。"他补充道。

霍金在演讲的最后说道："这是一个美丽但充满不确定的世界，而你们是先行者。"

第二节 埃隆·马斯克：人类将沦为人工智能的"宠物"

特斯拉CEO伊隆·马斯克（Elon Musk）曾在2016年6月1日举行的Code Conference大会中发表了一些天马行空的言论。他指出，我们"可能"生活在一个电脑模拟游戏中，如今电脑游戏技术已经发展到游戏与现实难以区分的程度。此外，他认为我们需要开发大脑的人工智能神经层以提升脑力，按照人工智能的发展，未来人类在智力上将被远远抛在后面，并沦落为人工智能的"宠物"。

Part 6　人工智能的忧思

在南加州举办的Code Conference大会中，采访者问道，我们是否生活在一个模拟电脑游戏中，马斯克的回答是"可能"。

马斯克说："我们身处模拟游戏中的最有力论据如下：40年前诞生的全球首款家用电子游戏'Pong'只是由矩形和点构成。而现在40年后，数百万人能够同时参与到逼真的3D模拟游戏中，而且每年的技术都在不断提升，很快我们将迎接虚拟现实和增强现实技术的成熟。按照当前的进展速度，游戏将变得与现实难以区分，显然我们正在经历这一发展轨迹。"

马斯克表示："我们身处'现实基地（base reality）'中的概率是数十亿分之一。或许我们应当希望这是一场模拟游戏。否则，如果由于某一灾难事件，文明的发展停滞不前，那么将存在两种可能性：我们将制造出无法与真实世界区别开来的虚拟生活，或是文明将不复存在。"

马斯克还声称，随着人工智能技术的不断发展，我们将需要通过数字技术以提升人类的脑力。

他支持神经织网（neural lace）这一概念。"神经织网"是指大脑的一层电子层，允许人类即时访问在线信息，并通过利用人工智能大大提高人类的认知能力。

他说："无论人工智能以怎样的速度发展，人类都将被远远地抛在后面。我们在智力上远输给它们，从而沦落为'宠物'，如家猫。我可不喜欢成为家猫。或许最佳的解决方案是开发人类的人工智能神经层，即能够与大脑共生合作的第三个数字神经层。"

第三节　比尔·盖茨：人工智能将成为人类的心头大患

"这个梦想终于就要实现了，"2016年6月1日，微软创始人比尔·盖茨（Bill Gates）在南加州举办的Code Conference大会上，和夫人梅琳达·盖茨（Melinda Gates）一起宣布道，"这是我们一切努力的终极目标。"

盖茨称，为了让机器人在接下来10年内能够学会驾驶和做家务，以及让机器在一些特定知识领域打败人类，我们已经取得了足够多的进步。

Part 6 人工智能的忧思

他还推荐了两本值得一读的书：一本是尼克·波斯特罗姆（Nick Bostrom）所著的有关超级智能的书，另一本是佩德罗·多明格斯（Pedro Domingos）所著的《掌握算法》（The Master Algorithm）。

但盖茨此前曾提出警告称，人工智能软件若变得超级智能，可能会对未来的人类造成一定威胁。

他在2016年早些时候的一次采访中指出，在接下来的10～20年之内，人工智能将对管理我们的生活"起到极大的用处"。盖茨将人工智能称作"第二自我"，认为它们能帮助我们处理日常邮件和其他信函。

"一旦了解了你的喜好之后，它就能帮你查阅所有的新信息，然后将它们反馈给你。这将是最具价值的一点。"比尔·盖茨预言道。他还表示，微软将和谷歌母公司Alphabet、Facebook和苹果一起，继续在人工智能领域多加努力。

而在另一份声明中，盖茨表达了自己的疑虑："我对超级智能有点担忧。首先，机器将代替我们做很多工作，不需要超级智能就能做到。"

"如果我们管理得当的话，这应该是件好事。但等到几十年之后，人工智能就会发展得足够强大，开始令人们感到担忧了。在这个问题上，我赞同伊隆·马斯克等人的观点。我们不理解为什么有些人会对此无动于衷。"

因此，人们对人工智能带来的威胁感到越来越恐惧，这或许一点都不意外。

一项最新调查显示，有1/3的人相信，在下一个世纪中，人工智能的崛起将对人类造成严重的威胁。超过60%的人担心，在接下来的10年之内，机器人会导致工作岗位大量减少。还有27%的人认为，根据此前的研究，行政和服务部门的工作人员受到的打击将最为明显。

这项调查有2000人参与，由舆观（YouGov）调查网代表英国科学协会开展。

有1/4的受调查者认为，在接下来的11~20年间，机器人将成为人们日常生活的一部分。还有18%的人认为，这样的场景不到10年即可实现。将近半数的人反对让机器人具有情感或个性，这说明虽然瓦力（Wall-E）或机器姬（Ex Machina）这样的机器人在流行文化中大受欢迎，但在现实生活中也许并不那么讨人喜欢。

此外，许多人深感怀疑，在性命攸关的场合中，能否对机器人抱以信任。调查发现，大约一半的受调查者不信任机器人担任的医生、公交车司机

Part 6 人工智能的忧思

或民航飞行员。

但如果有智能机器帮助他们处理家务，人们还是很开心的。大约一半的受调查者很乐意让家务机器人帮老人下厨、打扫卫生等。

此外，也有一半左右的受调查者愿意让智能机器人进行空中搜救活动，或驾驶军用飞机，还有70%的人希望能让机器人来管理军队。

"很多人在谈论到人工智能的时候，都会对未来充满恐惧，这一点毫不意外。"英国科学协会主席戴维·威利茨（David Willetts）说道，"创新总是有点吓人的，但我们应当记住，经济和世界一直处在变化和适应之中。像人工智能这样的新科技只不过是另一项需要我们去适应的新发明而已，而我们肯定能做到这一点。"

●●●● 第四节 人工智能会引发失业大潮吗？ ●●●●

自第一次工业革命、第二次工业革命、第三次工业革命之后，工业4.0就是传统意义上的第四次革命，以智能制造为基础的符号被确定下来。我们知道，德国是世界上制造业最发达的国家之一，拥有的智能制造技术占据世界首位。德国的砌墙机器人、德国的杀猪流水线工序等都是非常先进的。

在传统工业时代，机器只是起了动力的作用，需要工人去车间操作完成整个工作的过程。而如今，智能化应用在工业社会各个方面，已大大减少了人力劳动。有不少人认为，机器人上岗则会造成大量的工人失业，机器人直接夺走了工人的饭碗。

人工智能的应用，使机器人代替工人上岗成为一种可能性，而且这种趋势逐步扩大化。根据昆山地区工厂的机器人数量可以看到，很多岗位已经被机器人取代，成为不可争论的事实。一些人工智能专家明确表示，机器人发展很快，而且技术日趋成熟，代替工作岗位成为一种可能性。并且这种趋势在加强，很多工人担心机器人代替工人上岗已经成为一种现实。

虽然从短期来看，机器人并不能完全代替工人，但长时间的技术进步，机器人的普及之广阔普及速度之快，往往是令人无法想象的。60年前，谁能想象今天的机器人会以如此大的规模走进社会生活的各个角落。

东北是重工业基地，很多重型机械都产自东北。可以说工业基础的雄厚直接制约和决定了高新技术、智能技术的发展。东北的机器人产业正在大力复苏，而且所产出的机器人市场投放量在逐年递增。

2016年是人工智能第一阶段爆发的一年，这一年世界各地有很多机器人展览、机器人大赛等。人工智能应用到社会各方面已达成共识，这种工业机器人被广泛接受是社会工业文明的进步，是人类劳动力提升、效率提高的一个变革性进步。

Part 6　人工智能的忧思

智能感应代替了过去人力反应迟钝的尴尬局面，人类生活充满了智能化，出门坐车锁门全部遥感，就连步行也有了遥感步行机，真是方便。

但是从长远发展来看，人类过度使用智能设备，有可能造成人类丧失劳动力，过度依赖科技产品所带来的一系列问题也会随之而出。高科技所带来的巨大贡献不可否认，但是过度依赖科技产品，则可能造成人类丧失某些动手操作的实践能力。

机器人的出现,虽然从工业社会方面说是进步,代替了部分工人上岗,代替了某些危险的工作岗位,但是存在一系列的问题,需要认真斟酌处理。

机器人代替工人上岗,工人失业的日子还会远吗?这确实不能不让人担忧,但科技永远都是向前发展的,并不会考虑工人的感受。

以下是一些可能受人工智能影响比较大的一些行业:

一是记者。也许有一天,90%的记者都会失业。这不是危言耸听,美国的Narrative Science公司结合大数据和人工智能,利用软件开发的模板、框架和算法,瞬间撰写出上百万篇报道,《福布斯》杂志都已经成为他们的客户。

除此之外,互联网的出现让纸媒生存空间不断被压缩。继《万象》《环球财经》《His Life他生活》之后,《好运MONEY+》也宣布即将停刊,媒体大佬何力、刘洲伟最近也离开传统媒体。

二是银行柜员。商业周刊中文网称,未来10年,80%的现金使用会消失,人们逐渐开始选择网银或移动支付。未来20年,绝大多数中小银行如果不把前台业务外包,将难以生存——无论这个预言如何,传统金融业和科技行业正在进行一场生死时速。

金融领域将发生一场彻底的互联网革命,这是谁也阻挡不了的趋势。

Part 6 人工智能的忧思

三是司机。如今看到谷歌的无人驾驶汽车在硅谷101高速公路上穿梭,或是自己停靠到旧金山大街上,都已经不足为奇。而奥迪、丰田和奔驰等汽车厂商都计划开发自己的无人驾驶汽车。

因为汽车已经不需要人来驾驶,司机这一职业会消失。包括驾校老师、停车执法者等职业也都将随之消失。

四是装配车间工人。全球最大代工企业富士康百万"机器人大军"计划公布后引起外界瞩目。专家称一线工人短期内被挤占不可避免,一批生产工人将下岗成为共识。

目前工厂的机器人手臂还只是进行简单的操作,但是未来,随着机器人成本的下降和普及,装配车间的工作将不需要人类插手了,未来制造业将不用再发愁劳工问题了。

五是有线电视安装人员。借助一个电视盒子,就可以让每一台普通电视升级为智能云电视机,同时实现与家庭其他无线终端(手机、Pad、电脑)的交互。只要身处带宽足够的WIFI环境,就可以在电视上免费观看在线视频内容。

有线电视这回事最终会消失,甚至电视台的构建都会被打乱。相关产业链上的人都要当心,有线电视安装人员只是一个小小的代表。

六是加油站管理和工作人员。加油这回事可能会消失,因为石油在枯

竭，未来新能源充电站也许会遍布，不过充电站也会实现自动化，不需要人来服务，而且连驾驶都已经实现无人化了，当然也不需要人来负责加油和充电等动作了。

七是经纪人、中介商。实际上中介商这一职业的悄然隐退已是正在发生的事情，信息高速公路的无限发达必将"夺去"另一群人的饭碗———经纪人。原因很简单，他们将不会比别的普通人知道得更多。

已经有苗头出现了，譬如已经有越来越多的人选择在网上自选保险。未来人们可能会需要更多专业的规划师，而不是经纪人。

八是职业模特。未来，没有谁再会为自己的个子矮而愁眉不展，高技术含量的增高手术能给一个人延长原身高。这个医学项目目前已经在进行了。还有便是新兴美容业的发展，"超微科技"的运用使整容业更趋完美，已经有人在研发用电脑"勘测丈量"脸部细节，度身制作完美五官"零件"，以求"一劳永逸、完整美丽"效果的新技术。

从这个意义上讲，漂亮的脸蛋与高挑的身材人人都可以拥有，职业模特失去存在的意义，时装秀真正地从T型台走向每个人身边的大街。

九是个体商户。电商的销售额已经超过实体店的销售额。未来3～5年全国有近80%的书店将关门，服装店、鞋店有近30%的将关闭。

第五节　人工智能发展可能带来的社会、伦理和法律等挑战

近来，美国一家公司生产的超仿真机器人Sophia在电视节目上与人类对答如流，成为"网红"机器人。对话中，Sophia流露出的喜悦、惊奇、厌恶等表

情真实得令人赞叹。有网友惊呼：快和真人分不清了！

技术往往是一把双刃剑。人工智能在迅速发展的同时，也带来了一些困惑和挑战。人工智能会产生自主意识和情感吗？会不会因此给人类社会带来冲击？

1. 法律争议：假设无人车伤了人，那么是开发者负责还是驾驶公司负责

关于人工智能带来的"伦理困境"，让很多专家感到纠结。尽管这样的场景在目前还只存在于设想中：一辆载满乘客的无人驾驶汽车正在行驶，遭遇一位孕妇横穿马路的突发状况，如果紧急刹车可能会翻车伤及乘客，但不紧急刹车可能会撞到孕妇。这种情况下，无人车会怎么做？

如果司机是人，那个瞬间完全取决于人的清醒判断，甚至是本能或直觉。可当人工智能陷入人类"伦理困境"的极端情景时，其每一步都是通过算法设定好了的。

"无人车依靠的是人工智能大脑，它目前不可能做超出人类算法中所设定范围的行为决策。"浙江大学计算机学院教授吴飞说，将全国每年的交通事故数据"喂"给计算机，人工智能可以学习海量数据里隐含的各种行为模式。简单来说，就是无人车会从以往案例数据库中选取一个与当前情景较相

似的案例，然后根据所选取案例来实施本次决策。

但遇到完全陌生的情景，计算机会怎么办？"无人车第一个选择仍然是搜索，即在'大脑'中迅速搜索和当前场景相似度大于一定阈值的过往场景，形成与之对应的决断。如果计算机搜索出来的场景相似度小于阈值，即找不到相似场景，则算法可约束无人车随机选择一种方式处理。"吴飞说。

"程序员可通过代码来约定无人车如何做，但这种约定始终要遵循普遍的社会伦理。这个过程中，程序员要和伦理学家一同参与把关，程序员要将符合伦理的决策用代码的形式体现出来，输入到系统中。"吴飞认为。

那如果要是无人车伤害了人类，谁来负责呢？

"当前人工智能尚未达到类人智能或超人智能水平，不能将人工智能作为行为主体对待。"浙江大学教授盛晓明认为，从技术角度看，现在技术实现层次还很低，行为体出了问题肯定只能找它的设计者。从哲学角度看，赋予人工智能"主体"地位很荒诞。"主体"概念有一系列限定，譬如具有反思能力、主观判断能力以及情感和价值目标设定等。人工智能不是严格意义上的"智能"。

"人工智能表现出来的智能以及对人类社会道德行为规范的掌握和遵循，是基于大数据学习结果的表现，和人类主观意识有本质的不同。人工智

能不是生物,构不成行为主体,传统司法审判无法照搬到人工智能身上。因此,人工智能不可以作为社会责任的承担者。"中国社科院社会学研究所副研究员赵联飞持同样观点。

"以无人车为例,究竟由人工智能开发者负责,还是无人驾驶公司负责甚至任何的第三方负责,或者这几者在何种情形下各自如何分担责任,应当在相关人工智能的法律法规框架下通过制订商业合同进行约定。"赵联飞说。

2. 情感迷思:人与人工智能出现类夫妻、父女等情感,将考问现代伦理规范

科幻影迷一定不会忘记这几个片段:电影《机械姬》的结尾,机器人艾娃产生了自主意识,用刀杀了自己的设计者;在电影《她》中,人类作家西奥多和化名为萨曼莎的人工智能操作系统产生了爱情。只可惜,西奥多发现萨曼莎同时与很多用户产生了爱情,二者所理解的爱情原来根本不是一回事。

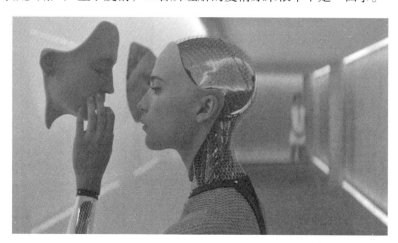

尽管科幻电影对人工智能的描述偏向负面,但它也在一定程度上表达了人类的焦虑和担忧。现实中,人工智能会拥有自主意识,和人类会产生情感吗?

"这要取决于如何界定'产生'一词。人工智能的自主性,仍然取决于所学习的样板和过程。正如阿尔法狗对每一步对弈的选择是从海量可能棋局中选择一种走法一样,这种自主在终极意义上是一种有限的自主,它实际上

取决于所学习的那些内容。"在赵联飞看来，人工智能意识和情感的表达，是对人类意识和情感的"习得"，而不会超过这个范围。

机器能不能超出对人类的学习，主动产生意识和情感？以目前的研究来看，这是遥不可及的。但有一种假设的、可供探讨的路径是，通过把人的大脑认识通透，就可以造一个像人的大脑一样的机器出来。遗憾的是，我们对人的大脑如何产生意识和情感这些根本问题还了解不够。

人工智能越来越像人类，如果人类对机器有了感情怎么办？

人类是否会与人工智能产生感情，将取决于这种过程是否给人类带来愉悦。正如互联网发展早期的一句常用语所说——在互联网上，没人知道你是一条狗。这表明，当人类在不知道沟通者的身份时，只要对方能够给自己带来愉悦，感情就可能产生。这可能会对人类的交往模式带来影响。比如说，未来，知识型的人工智能可以回答人们能够想到的很多问题，从而导致个体学习方式、生活方式乃至社会化模式的变革。

假如人类与人工智能出现类似于夫妻、父女等情感，将考问现代伦理规范。如果社会主流意见认为这种关系符合伦理，人们可能倾向于以类似于夫

妻、父女之间的伦理准则来调节二者之间的关系；但如果人们始终认为，人类与人工智能之间的关系是人占主导地位的"游戏关系"，那么相应的伦理标准也就无从谈起。

3. 未雨绸缪：专家建议完善人工智能技术规范和法律约束

面对人工智能带来的种种冲击，专家认为，20世纪50年代美国科幻小说家阿西莫夫提出的机器人三大定律，今天依然有借鉴意义。这三大定律如下：机器人不得伤害人，也不得见人受到伤害而袖手旁观；机器人应服从人的一切命令，但不得违反第一定律；机器人应保护自身的安全，但不得违反第一、第二定律。

"归根结底，人是智能行为的总开关。"吴飞认为，人类完全可以做到未雨绸缪，应对人工智能可能带来的威胁。

"开发者应该始终把人工智能对社会负责的要求，放在技术进步的冲动之上。正如生物克隆技术，从提出克隆技术那一天开始，克隆的社会伦理问题就始终优先于克隆的技术问题。"赵联飞认为，人类应该在开发人工智能的过程中，逐步积累控制人工智能的经验和技术，尤其是防止人工智能失控

领航人工智能

的经验和技术。

在技术上加强对人工智能的控制是完全可行的。"人工智能尽管日益高级,但究其根本,仍然是在智能程序对大量数据处理基础上得到的结果。进行编程时,开发者可以通过程序对其进行安全设置。比如,如果识别出来是人类,要自动保持距离;不能做出攻击性动作,从力学幅度上予以约束。"中科院自动化所研究员孙哲南说,还可以把人类的法律规范和道德要求用代码的形式写入机器,全部数字语言化,使其遵守人类的行为准则。

"除了设计和建造要遵循技术规范,还可由政府有关部门牵头,成立由人工智能技术专家、社会科学研究人员、政府管理人员为核心的人工智能管理委员会,对涉及人工智能的研究和开发项目进行审核评估,严格控制从技术转化为产品的环节。"赵联飞认为,此外,应从多个方面加强对人工智能的研究,跟踪、了解人工智能的发展趋势和实践,开展以未来学为基本范式的研究。

第六节 人工智能:生存还是毁灭

不久前发生了这样一件事,德国汽车制造商大众声称,该公司位于德国的一家工厂内,一个机器人"杀死"了一名外包员工。其实这并不是首起"机器人杀人事件",早在20世纪80年代后,世界上便出现多例机器人杀人事件,涉及多个国家。好在随着科学技术的快速发展,人类对于机器人的控制也就越发精细,使得类似的机器人伤人事件几乎不再发生,不过这也使得很多人对于机器人"放松警惕",这也是此次发生在大众的事件引起广泛关注的原因。机器人或者说人工智能究竟"是好是坏",又一次成为科学家、社会学家们争论的焦点。

Part 6　人工智能的忧思

简单来说人工智能是计算机科学的一个分支,它企图了解智能的实质,并生产出一种新的能以人类智能相似的方式做出反应的智能机器,该领域的研究包括机器人、语言识别、图像识别、自然语言处理和专家系统等。因此,机器人仅仅是人工智能的一个分支,却是最受人们关注甚至喜爱的一类。这一"派系"的最佳形象代言人有两位:哆啦A梦和变形金刚。

通过人们对于哆啦A梦和变形金刚的喜爱与向往也不难看出,绝大多数人是希望机器人能够发展壮大,成为人类的伙伴,帮助人类战胜各种困难。不过这一切的前提就是机器人可以像这两位一样,是遵纪守法的好市民。然而事实上到目前为止关于人工智能的道德底线问题还没有一个让人信服的答案,也就是说不排除人工智能起义消灭人类的情况。

莎士比亚的名作《哈姆雷特》中有这样一句话广为流传:"生存还是毁灭,这是一个值得思考的问题。"想象一下,如果有一天人工智能足够"聪明",开始思考这样一个问题的时候,它们会给出怎样的答案?是心甘情愿地成为人类的工具,还是与人类和平共处平等相待,又或是消灭人类自己掌控世界?显然,这是一个值得我们人类思考的问题。

相比于人类的进化史,人工智能的发展史可以说仅仅是弹指一挥间。人类进化为早期智人大约是10万年前(当然在此之前还有数百万年的进化史),而人工智能这一概念最早出现是在20世纪50年代,也就是说发展到今天也才60年左右。当然除了这些,还有一个问题就是目前人类"进化"的脚步已经十分缓慢了,相反人工智能的发展在飞快地进步。人们在研究科技,探索世界的同时极大地推动了人工智能的发展进步。

人类之所以能够掌控地球,原因之一就是"聪明"。人类可以运用自己的智慧建造家园,消灭敌人从而改善生活环境。人类通过不断的学习,掌握新的知识和技能从而更好地应对挑战。近年来,人工智能也开始效仿人类,"学习"认识世界。目前人工智能的学习方式比较典型的是基于"大数

Part 6 人工智能的忧思

据",通过海量内容的识别归类,在发现相似事物时进行判断,据报道称,目前已有人工智能设备的"智商"相当于4~5岁的儿童。

理论上人脑的利用率是有限的,但是人工智能的大脑却要容易开发很多,因此无论从哪个角度看人工智能都极有可能在未来比人类更"聪明"。

人工智能之所以会出现可以说是科技发展的必然结果,也是人类为了更好生活而迈出的重要一步。人工智能的出现改变了人们的生活方式,提升了工作效率,带来的正面效果远超其负面影响,这也就坚定了不少人继续研发人工智能技术的信念。

目前人类应用人工智能主要是机器人以及各种识别设备,主要目的是提升效率和保护人类的自身安全,因此"生杀决定权"还掌握在人类自己手里。如今人们的日常生活已经离不开人工智能了,将人工智能引申到一个广义定义的话,几乎每个人都与人工智能设备有过亲密接触。我们生活中接触的很多数码设备,都有智能设备的影子,如语音助手或者翻译应用等。也许这些应用目前的"工作效率"不尽如人意,但是它们确实在不断地进步,变得越来越聪明。最近几年,受到消费者关注的物联网体系中的智能家居、智能穿戴设备和车载网等都是人工智能参与的产物。

人工智能可以称之为先进科技的代表,也是"未来生活"的象征之一。人们渴望更加舒适便利的生活,必将有更多的工作由"非人类"代工,因此说人类再也离不开人工智能并不为过。

以上均是站在人类的角度评价人工智能,反过来在人工智能眼里人类又是什么样的?人工智能不断地发展,其"智慧"也将越来越趋近甚至超越人类,那么"他"也将拥有喜怒哀乐和自己的评判标准。常言道,人分善恶,物有美丑,只不过人工智能的善恶观念会与我们一样吗?

在未来,人工智能眼中的人类究竟是什么样,我们无从得知,但是如果"他"们不喜欢人类或者"理念"与人类背道而驰,那么二者间的矛盾必将激化。相反如果人工智能接受了人类，与人类有了共同目标，那么二者则有希望和平共处。目前阶段，人工智能仅仅是人类的工具，如果有一天人工智能蜕变为一个"群体"，有自我意识，人们能否接纳"他"们同样是一个问题。

当然我们也可以这样看待人工智能，"他"们就像是潜力巨大的"武器"，究竟是用来保护家园还是破坏世界，人类或许也有着一定的决定作用。人类研发人工智能绝大多数都是想要改善生活，但也不乏利用人工智能来危害他人的例子，这同样是人类未来威胁的一部分。以目前最为普及的智能手机为例，它的出现改变了人们的生活，让我们有了更多的休闲和交流方式，但是智能手机也为很多人提供了投机取巧的机会。这些人利用智能手机的安全漏洞来盗取用户隐私，设置陷阱，非法获取利益，已经严重危害到了用户的利益和社会安全，可以想象如果这样的人掌握了人工智能技术，人们的未来将岌岌可危。

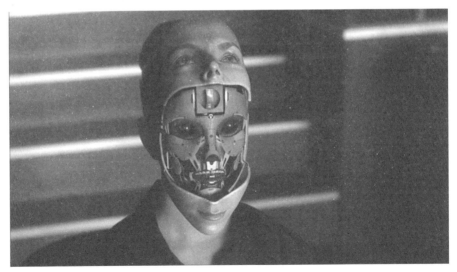

除了"被人利用"，人工智能本身也有很多便利条件可以危害到人类社会的安全和稳定。据统计，2020年全球将有500亿台设备连入互联网，涉及人们生活的方方面面，如果人工智能不再为人类服务，那么人类的"敌人"将

无处不在，可以说社会秩序将瞬间瘫痪。

人工智能潜在的威胁和其潜在的利益是成正比的，也正因为如此人们害怕"他"却无法拒绝，不过想要妥善利用这股力量，就必须有一个完善的监管体系或者说是"道德束缚"，这也正是目前所缺少的。

人工智能的发展是必然趋势，但是人类作为地球现在的主人，一定不希望自己被"机器"所统治。我认为，束缚人工智能发展是不可取的，人类想要进步，更好地认知宇宙、认知自己，就不能因为未来的威胁而止步不前，但是相对地，也不能为了求快而盲目前进，最终葬送了自己的未来。

目前，人工智能的发展还处于初级阶段，就好像是一个陶坯，人类还有能力决定将它塑造成什么样，这时候未雨绸缪做一些坏的打算是十分必要的。

第七节　人工智能会超越人类吗？

一个刚看完电影《超验骇客》的小学生问妈妈：

"我搞不清谁是好人，谁是坏人。"

"说得是啊。"

妈妈也有相同的疑问。

路过的我也有同样的想法。电影的意图充满雄心，但故事展开方式和表现方式过于混乱，太过夸张。

电影一开始，著名的人工智能专家威尔就遭到暗杀，是一个坚信人工智能技术将带来阴暗未来的恐怖组织所为。女主人公——威尔的妻子非常珍惜丈夫的研究成果，并将他的意识复制到量子计算机。植入人工智能逻辑的量子计算机能以超越人类的水平自主进化，这种超能的存在可以通过互联网掌握世间所有信息，以进化的智能建立技术的乌托邦，它甚至可以占据人的意识，使生命体再生。但随着时间推移，女主人公意识到这种超能存在的所作所为并不是在建立人世间的乌托邦，而是机器掌控一切的反乌托邦。人性被抹杀，人们变成计算机控制的木偶。最终，女主人公与政府机关和恐怖组织合作，用病毒感染了超能计算机。最终，之前造就的计算机文明全盘瓦解。换言之，女主人公为了人类的自主权而摧毁了技术的乌托邦。电影通过这种结局暗示人们，人工智能是抹杀人性的工具。

人们常常将计算机的性能提高与人脑的作用相比较，但严谨地说，计算机与人脑从结构到作用都完全不同。计算机虽然在一瞬间只运行一次，但运转速度极快，仅就速度而言，脑细胞是远远不及的。反之，人类脑神经细胞的信息传递速度虽然低，但可以同时与成千上万个神经细胞和突触分散处理大量信息。如果比较信息处理性能，那么人脑的效率比现存最快的超级计算机高数千倍。

储存大脑信息的突触每秒生成数百万个新的连接信息，即使输入相同信息，但因每个人的脑神经细胞连接范式或强度各不相同，即使知道突触分布图，也无法解析其中的信息或智慧。当然，也不能将一个人的智力或意识复制给其他人，这是认知计算机再发达也无法解决的问题。

Part 6 人工智能的忧思

也有人相信，可以将计算机的智能移植到人的大脑。但人类的智能处理逻辑的方式与计算机处理数据的方式完全不同，所以既不可能将计算机信息植入人脑，也无法将人脑信息输入计算机。只能将计算机持有的信息告诉感觉细胞，帮助人类使用这些信息。

为计算机赋予相当于人脑水平的智能判断能力的研究正如火如荼地进行着。人工智能早期模型是专家系统，这种方式通过收集专家经验绘制数据表，遇到相似情况就直接使用专家知识范式。这种一维判断方式的问题在于，存在多种解决方案时，无法确定优先使用哪种方案。计算加权值以克服这种情况的技术很发达，主要通过逻辑模型或数学模拟以诊断现象，并用概率选出最优对策。

最近，人们常用通过处理大量数据以寻找可信度最高的解决方案的大数据处理技术，或使用拥有能与人脑媲美的数学逻辑结构的智能回路芯片以通过概率寻找最合理答案。

人工智能无法将人脑中的信息直接变为计算机语言。人脑的运行原理尚未明确，所以还不是人类技术所能复制的对象。特别是脑神经细胞的信息处理方式与计算机不同，是由生物反应传输信息的工程。脑神经细胞通过谷氨酸、多巴胺、乙酰胆碱、去甲肾上腺素、血清素、内啡肽等化学物质传递信息，这些脑神经介质还能调节情绪变化，缺乏血清素就会忧郁不安，乙酰胆碱减少就会得阿尔茨海默症。

而且，大脑中除了脑神经细胞，还有数量达到脑神经细胞10倍以上的神经胶质细胞。神经胶质细胞可以放大神经信号，对精神起着重要作用。此外还有仅存在于灵长类动物体内的纺锤体细胞，在前额叶皮质管理注意力、疼痛和恐惧、心率或血压等，调节自主神经系统。

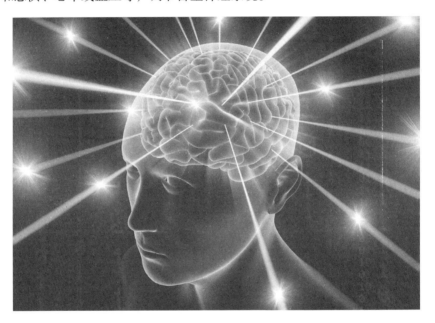

一些未来学家认为，计算机速度超过人脑的信息处理速度后，机器智能会高于人类智能，届时，机器将支配世界。另外，量子计算机的普及将使计算机可以像人脑一样实现并行处理，让计算机的运行更像人脑。实际上，很多公司都在模仿脑神经细胞开发具有新型结构的神经细胞芯片，但即使研发成功，也不能直接将脑细胞中的信息移植过去。只是与现在的计算机CPU不同，可以使用多处理功能，大幅改善计算性能或图像处理性能。

当然，随着计算机芯片的发展，处理速度得到提高，计算机能反映很多人们还不知道的信息，可以提供优于人脑判断的方案。事实上，如果数据以当前速度增长，只凭人脑是无法全部处理的。结果，人们不得不依靠性能发达的计算机，但又不能因此使人从属于计算机。人们会根据自己的个性和价值观做出决策，即使是相同信息，不同的人也会有不同的价值标准，这才是人类。因此，人们即使拥有超能计算机，也依然希望得到符合自己性格和取向的信息。

《超验骇客》的导演给出的讯息很明显：无论技术多么发达、世界变得多么美好，只要人们被机器的判断束缚，失去自己的个性或价值标准，就应该果断地拒绝技术的乌托邦。

其实，我们无法通过计算机的发展速度或趋势断言若干年后的技术情况。但无论如何，没有任何人愿意看到超能计算机支配未来世界。每个人都希望按照自己的意愿生活，无法想象被机器束缚。计算机智能在人类文明中应该只被赋予善良的角色。

第八节 对于人工智能，听听专家们怎么说

"我们应该对人工智能怀有怎样的担忧？"国外17位思想领袖，其中包括人工智能专家、电脑工程师、机器人学家、物理学家和社会科学家，他们共同回答了这一问题。

但他们并没有形成共识。有的专家认为，人工智能将构成迫切威胁；还有的专家认为，这种威胁被过分夸张了，或者有些错位。

1. 认真对待人们对人工智能的恐惧

向机器超级智能的转变事关重大，这一过程中可能出现的严重错误应该引起我们的重视。因此，应该鼓励数学和计算机科学领域的顶尖人才研究人

工智能安全和人工智能控制问题。

——牛津大学人类未来学院院长尼克·博斯特罗姆（Nick Bostrom）

如果人工智能影响了俄罗斯黑客技术、英国脱欧公投或美国总统选举，或者促成了某种使得人们不再根据自己的社交媒体资料投票的宣传活动，抑或成了一种社会科技力量，促进了社会财富的不平等，并像19世纪末、20世纪初那样引发政治极端化，最终促成两次世界大战和经济大萧条，那么我们就应该深怀忧虑。

这并不表示我们应该恐慌，而是应该努力避免这些危害。希望人工智能也能帮助我们明智地应对这些问题。

——巴斯大学计算机科学教授、普林斯顿信息技术政策中心成员乔纳·布雷森（Joanna Bryson）

其中一大风险在于，我们无法正确地确定目标，从而引发不良行为，并在全球范围内产生不可逆转的影响。我认为我们或许可以找到不错的解决方案来应对这个"意外的价值错位"问题，尽管可能需要经过严格的执行。

我现在认为最有可能的失败模式是双重的：一方面，随着越来越多的知识和技能被机器掌握，并通过机器传播，人类在没有真实需求的情况下导致学习动机逐步降低，从而令人类社会逐步衰落；另一方面，我还担心对智能恶意软件缺乏控制，或者恶意使用不安全的人工智能技术所引发的恶性后果。

——加州大学伯克利分校计算机科学教授斯图尔特·罗素（Stuart Russell）

2. 不要反应过度

人工智能令我颇为兴奋，我丝毫没有担忧。人工智能将会把人类从重

Part 6 人工智能的忧思

复、无聊的办公室工作中解脱出来,让我们有更多时间开展真正有创意的工作。我已经迫不及待了。

——斯坦福大学计算机科学教授塞巴斯蒂安·特龙(Sebastian Thrun)

我们更应该担心的是气候变化、核武器、抗药病原体、保守的新法西斯主义政治运动。应该担心在自动化经济中机器人取代的劳动力,而不应该担心人工智能会奴役我们。

——哈佛大学心理学教授史蒂芬·平克(Steven Pinker)

人工智能有望给社会带来重大福利。它将重塑医药、交通以及生活的方方面面。只要有能力影响众多与生活息息相关的领域,任何一项技术都将得到政策的关照,以便充分发挥它的作用,并给予一定的限制。彻底忽视人工智能的危险是愚蠢的做法,但从技术角度讲,把威胁列为首要担忧的思维模式恐怕并非上策。

——普林斯顿大学计算机科学教授玛格丽特·马敦诺西(Margaret Martonosi)

现在有的人担心人工智能可能催生邪恶杀手,但这就像担心火星上的人口过多一样。或许有朝一日的确会出现这种问题,但人类现在连登陆火星都没有做到。这种杞人忧天完全没有必要,这反而令人们无法关注人工智能引发的更严重的问题——那就是失业。

——前百度副总裁兼首席科学家、Coursera联席董事长兼联合创始人、斯坦福大学兼职教授吴恩达

人工智能是一款无比强大的工具,与其他工具一样,它本身就具有两面性——具体怎样都取决于我们的意愿。人工智能已经可以收集和分析用于监控海洋和温室气体的无线网络数据,借此帮助我们解决气候变化问题。它开始让我们可以通过分析大量病例来实现个性化的医疗方案。它还逐步实现教

育民主化，所有儿童都有机会学习对工作和生活有用的技能。

人们对人工智能怀有恐惧和焦虑是可以理解的，而作为研究人员，我们有责任意识到这些恐惧，并提供不同的视角和解决方案。我对人工智能的未来很乐观，认为它可以促使人类和机器共同为我们创造更好的生活。

——麻省理工学院计算机科学和人工智能实验室主任丹尼拉·鲁斯（Daniela Rus）

人工智能背后的人类比人工智能更可怕，因为与各种被驯化的动物一样，人工智能的目的是服务于它的创造者。朝鲜掌握人工智能与该国拥有远程导弹一样可怕，但也仅此而已。电影《终结者》里面那种由人工智能颠覆人类的情景只是痴心妄想。

——乔治·梅森大学经济学教授布莱恩·卡普兰（Bryan Caplan）

我对所谓的"中间阶段"有些担忧，在这个阶段，无人驾驶汽车会与人类驾驶员共用道路……可一旦人类驾驶员停止开车，整体交通就会更加安全，受到人类错误判断的影响将会降低。

换句话说，我担心的是科技发展过程中的成长的烦恼，但探索和推动技术进步这是人类的天性。与焦虑和担忧相比，我内心更多的是激动和警惕。

——纽约大学计算机科学教授安迪·尼伦（Andy Nealen）

这既令人恐惧又令人兴奋。毫无疑问，随着人工智能继续进步，它将极大地改变我们的生活方式。这可以带来无人驾驶汽车等技术进步，还可以从事很多工作，从而解放人类，让我们可以追求更有意义的活动。或者，它可能创造大量失业，形成新的网络漏洞。复杂的网络攻击会破坏我们每天通过互联网吸收的信息的可靠性，并削弱全国性和全球性基础设施。

然而，机会总是留给有准备的人，所以，无论我们喜欢与否。必须要探索各种或好或坏的可能性,从而为未来做好准备。

——亚利桑那州立大学Origins Project项目主任劳伦斯·克劳斯(Lawrence Krauss)

人工智能是一项非常独特的技术,很容易以此为基础在科幻小说里设想恐怖的场景,例如人工智能夺取了地球上所有机器的控制权,然后奴隶人类。这种概率不大,但人们的确很担心人工智能可能会在人类不知情的情况下采取某些行动。人们因此十分担心这项技术可能引发意外后果。

的确应该认真考虑这些后果可能是什么,考虑我们应该如何应对这些问题,但又不能阻碍人工智能的发展进步。

——加州理工学院宇宙学和物理学教授肖恩·卡罗尔(Sean Carroll)

3. 人工智能可能取代很多工作

我担心,随着越来越多的细分领域使用机器来完成各种任务,就业就会受到影响。(我不认为人工智能与其他各种技术存在本质的差异——它们之间的边界很武断。)我们能否通过创造新的就业适应这种趋势,尤其是在服务领域以及官僚领域?或者,我们是否会为不工作的人支付薪水?

——纽约大学计算机科学教授朱利安·托格流斯(Julian Togelius)

人工智能不会杀死或奴役人类。它会在我们尚未想到应对措施之前消灭某些岗位。白领工作也会受到影响。最终,我们会适应这种趋势,但任何重大的科技变革都不会像我们期望的那么一帆风顺。

——乔治·梅森大学经济学教授泰勒·科文(Tyler Cowen)

4. 如何为人工智能做好准备

整个社会需要为某些问题做好准备。一个关键问题就是如何为就业的大幅减少做好准备,因为未来的人工智能技术可以处理很多日常工作。另外,我们不应该担心人工智能"过于聪明",反而应该担心最初的人工智能技术不像我们想象得那么聪明。

早期的自动化人工智能系统可能犯一些多数人类都不会犯的错误。因此,必须教育社会,让他们意识到人工智能和机器学习技术的局限和隐含偏见。

——康奈尔大学计算机科学教授巴特·塞尔曼(Bart Selman)

关于人工智能,有四个问题需要担心。第一,有人担心人工智能对劳动力市场构成负面影响。科技已经产生了这种影响,预计未来几年还将更加严重。第二,有人担心重要决策将由人工智能系统来完成。我们应该认真讨论哪些决策应该由人来制定,哪些由机器负责。第三,自动化致命武器系统也是一大担忧。最后,"超级智能"也存在一些问题:人类有可能失去对机器的控制。

与另外三个眼前的担忧不同,超级智能风险主要还存在于新闻报道之中,短期并未构成威胁。我们有充分的时间深入评估此事。

——莱斯大学计算机工程教授摩西·瓦迪(Moshe Vardi)

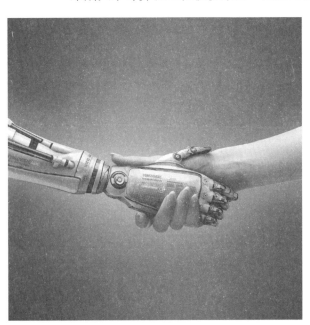

Part 6 人工智能的忧思

我们不能将人工智能的进步定性为违法行为,否则那些违反规定的人就会拥有巨大的优势,而此人的行为将被视作违法。这不是好事。我们不应该否认人工智能的快速发展。当规则被重新定义时,忽视这一现实就意味着被边缘化。

我们不应该希望超级智能机器时代会有更好的生活环境。希望本身并不等于健全的计划。我们也不应该做好跟有自我意识的人工智能对抗的准备,因为这么做只会让它更加激进,这显然并非明智之举。最好的计划似乎是主动塑造正在发展的人工智能,让它能够跟我们和谐共处,互惠互利。

——北约合作网络防御中心高级研究员、爱莎阿尼亚信息系统部门前主管简恩·普丽萨鲁(Jaan Priisalu)

后 记

当前,新一代人工智能相关学科发展、理论建模、技术创新、软硬件升级等整体推进,正在引发链式突破,推动经济社会各领域从数字化、网络化向智能化加速跃升。人工智能已经成为迄今为止最强有力的推进社会发展的加速器。

2017年7月8日,对中国的人工智能发展来说,是一个值得纪念的日子。这一天,国务院下发了《关于印发新一代人工智能发展规划的通知》,其目的是为抢抓人工智能发展的重大战略机遇,构筑我国人工智能发展的先发优势,加快建设创新型国家和世界科技强国。通知甫一发出,长期跟踪人工智能前沿科技发展的笔者抑制不住内心的激动,在繁忙的工作之余,撰写了这部《领航人工智能——颠覆人类全部想象力的智能革命》,以期广大读者通过对本书的阅读,能对人工智能的前世今生、应用领域和未来发展等方面做一个全面的了解。

笔者出生于20世纪70年代,脚下的这一方水土深深滋养了我,老一辈无产阶级革命家的奋斗故事深深影响了我,让我有着一种强烈的爱国主义和家国情怀。而我国这些年的飞速发展,更是在深深地震撼着我。

想当年,美国禁止中国参加国际航天会议,如今在美国宇航员依靠俄罗斯"联盟号"飞船往返国际空间站和补给物资时,我们却独立自主地建造了自己的空间站;

想当年，欧盟跟着美国对我国实行武器禁运，如今我国武器出口已打入欧盟内部；

想当年，我国饱受列强欺辱，如今我国可以出动军舰，把国外受困的同胞平安撤回国内；

想当年，我国一穷二白，如今我国国民生产总值已居世界第二，平价购买力已稳居世界第一；

……

而这一切，得益于我国的社会主义制度，得益于中国共产党的坚强领导。在中国共产党的坚强领导下，我国社会安定，人民生活富足，许多原来我们不能想、不敢想之事，如今已经活生生地出现在我们眼前。

社会主义的优越性之一就是可以集中力量办大事，就像我们的航母、我们的航天、我们的大飞机、我们的高铁。如今，我们正在集中力量发展我们的人工智能。我们只要愿意，我们就能做好，我坚信中国人的力量！

梦想已经启航，航向是中华民族伟大复兴的彼岸！